装修环保建材

选 | 购 | 与 | 应 | 用

筑美设计 · 编

中国电力出版社
CHINA ELECTRIC POWER PRESS

内 容 提 要

本书通过图解的形式，列举出了装饰装修中所用的各种材料与施工工艺，指出了装修污染的根源与防治方法，详细表述了这些材料的名称、特性、价格、污染系数与使用范围等内容，着重讲解了各种材料的选购方法与污染源识别技巧。通过多种方法比较材料质量，引导读者正确选用施工工艺，满足装饰装修设计与施工的实际需求，让读者轻松掌握装修无污染的选材与施工方法。本书适合现代装修消费者、装修设计师、施工员、项目经理、材料生产商及经销商阅读参考。

图书在版编目（CIP）数据

图解装修环保建材选购与应用 / 筑美设计编． — 北京 ：中国电力出版社， 2019.9
ISBN 978-7-5198-3338-1

Ⅰ．①图… Ⅱ．①筑… Ⅲ．①室内装修－装修材料－图解 Ⅳ．① TU56-64

中国版本图书馆 CIP 数据核字（2019）第 135103 号

出版发行：中国电力出版社
地　　址：北京市东城区北京站西街 19 号（邮政编码 100005）
网　　址：http://www.cepp.sgcc.com.cn
责任编辑：乐　苑　（010-63412380）
责任校对：黄　蓓　马　宁
责任印制：杨晓东

印　　刷：北京博海升彩色印刷有限公司
版　　次：2019 年 9 月第 1 版
印　　次：2019 年 9 月北京第 1 次印刷
开　　本：710mm×1000mm　16 开本
印　　张：13.75
字　　数：240 千字
定　　价：68.00 元

前　言

随着我国国民生活水平的提高，人们对于室内生活环境的要求越来越高，这一点开始由以往重装修质量，逐步过渡到现在重装修环保，减少或杜绝装修污染是人们在装修中需要重点关注的环节。

装修污染是指在室内装修中产生了对人体健康有害的氡、甲醛、苯、氨和挥发性有机物等物质。对室内环境进行装修会带来多种环境问题，例如，使用含有有毒、有害物质的装饰材料会对室内空气质量产生影响，此外，还有装修过程中会产生各种粉尘、废弃物和噪声污染，这些都会严重影响到人们的生活，不利于保证我们享有绿色健康的室内环境。目前，室内装修污染已经成为一种广义的污染，泛指在住宅、办公、商业、展示等全封闭或半封闭的室内环境中，因为装修行为而产生的损害人体健康物质，以及其他超过环境自洁能力的物质，以及进入室内环境后，对环境和人体健康产生不利影响的现象。

装修污染的来源很多，其中有相当一部分是由装修过程中使用不当材料造成的，包括甲醛、苯、二甲苯等挥发性有机物气体。因此，在装修过程中应尽量选择有机污染物含量比较少的材料。但是现代装饰材料品种丰富多样，同一种用途的材料可能针对不同住宅有对应的不同的材料，同一种材料又会有多种不同规格，同一种规格材料又有不同类型。所以，我们应该熟悉基本材料的名称、特性、用途、规格和价格，了解清楚各类材料就可以根据需要选购适合的材料，避免买到不适合的材料而耽误工程进度。同时在对这些材料有了基本的认识之后就要学习如何去鉴别这些材料有无毒害，如何挑选无毒无害的家居装修材料，让装修更安心。

本书对常用的装修材料的选购与鉴别方法都细致地进行了讲解，并配以相应的图片及图解文字辅助讲解，主要包括各类材料的特性、优缺点以及选购方法，包括混凝土材料、防水材料、墙地面材料、各种板材、家具油漆、窗帘壁纸等。全书分类细致，讲解全面，图文并茂，适合准备装修或正在装修的业主阅读，同时也可以作为装修施工员和项目经理的参考资料。确保读者能轻松选材料，安心做装修。

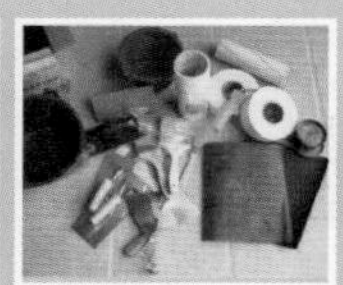

本书由以下同人参与编写：柯玲玲、黄溜、任瑜景、万丹、汤留泉、董豪鹏、曾庆平、杨清、袁倩、万阳、张慧娟、彭尚刚、张达、童蒙、李文琪、金露、张泽安、湛慧、万财荣、杨小云、吴翰、董雪、丁嘉慧、黄缘、刘洪宇、张风涛、杜颖辉、肖洁茜、谭俊洁、程明、彭子宜、李紫瑶、王灵毓、李婧妤、张伟东、聂雨洁、于晓萱、宋秀芳、蔡铭、毛颖。

作者

2019年7月

目 录

前言

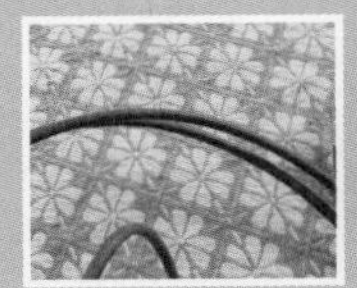

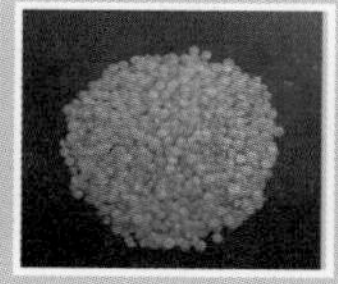

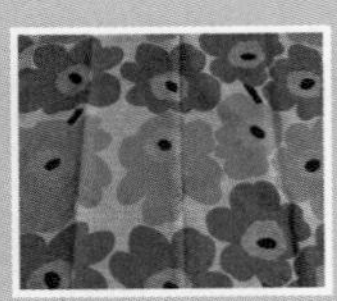

第 1 章

从何而来的装修污染

识读难度： ★★☆☆☆

核心概念： 污染、危害、来源

章节导读： 随着人们生活水平的提高与认知的改变，人们对生活环境对自身健康状况的影响更加关注。同时随着室内装饰材料的发展，室内环境污染越发严重。室内环境作为人们生活、生产的必要场所，将对人的身体健康及心理健康产生巨大影响。

1.1 室内环境污染的初认识

空气污染是指封闭空间内的空气中存在对人体健康有危害的物质，并且浓度已经超过国家标准，达到可以伤害到人体健康程度，此类现象总称为室内空气污染。

室内环境指的是人们生活、工作的建筑室内环境，造成室内空气污染的有害物质多种多样，其中主要有甲醛、苯、氨、放射性氡等，这些物质对人体伤害非常大，随着这些物质污染程度的加剧，人体会产生亚健康反应，甚至威胁到生命安全。

↑油漆

甲醛是最常见的空气污染物质，同时也是良好的有机溶剂，主要存在于油漆涂料、板材中。其中油漆由酯胶、酚醛等物质组成，易溶于像甲醛一类的有机溶剂，由于甲醛价格便宜，制取容易，所以一般厂商都用甲醛来做油漆的溶剂。

↑人造板材

以木材或其他非木材植物为原料，经一定机械加工分离成各种单元材料后，施加胶粘剂黏合而成的板材称为人造板材。人造板材的甲醛含量与其制作工艺、使用原料相关，板材的甲醛来源于胶粘剂。

1.1.1 无处不在的甲醛

装修中的甲醛来源主要为胶合板、细木工板、中密度纤维板和刨花板等人造板材。生产人造板材使用的胶粘剂的主要成分为甲醛，板材中残留的和未参与反应的甲醛会逐渐向周围环境释放，是形成室内空气中甲醛的主体。

一些厂家为了追求利润，使用不合格的木质原料，或者在粘接贴面材料时使用劣质胶水，木质原料与胶水中的甲醛严重超标。含有甲醛成分并有可能向外界散发的其他各类装饰材料，如贴墙布、贴墙纸、化纤地毯、油漆和涂料等。通常情况下甲醛的释放期可达3～15年之久。

↑建筑胶水

108建筑胶水，是由聚乙烯醇与甲醛在酸性介质中经缩聚反应，再经氨基化后制得的，制备过程中含有未反应的甲醛。

↑布料

甲醛用于染色助剂能够提高防皱、防缩效果的树脂整理剂。同时可以使纺织物的色泽鲜艳亮丽，保持印花、染色的耐久性，又能使棉织物防皱、防缩、阻燃。

甲醛被广泛应用于纺织工业中，用甲醛印染助剂比较多的是纯棉纺织品，市售的“纯棉防皱”窗帘与布艺产品，大都使用了含甲醛的染色助剂，使用时会释放出甲醛。窗帘中的甲醛主要来自保持面料颜色的鲜艳美观的染料和染色助剂产品，以及印花中所使用的黏合剂。因此，浓艳和印花的窗帘一般甲醛含量偏高，而素色和无印花图案的窗帘甲醛含量则较低。这些含有甲醛的服装在储存、穿着过程中都会释放出甲醛。

甲醛是室内环境中的最主要污染源，对人体的危害也是最大的。甲醛在我国有毒化学品优先控制名单上位居第二，仅次于被称为“世纪之毒”的二噁英。甲醛早已经被世界卫生组织确定为致癌和致畸形物质，是各国公认的变态反应原，也是潜在的强致突变物之一。

1.1.2 复杂多样的苯及苯系物

苯及苯系物的来源非常广泛。如装修材料中的有机溶剂、油漆的添加剂、日常生活中常见的胶粘剂、人造板家具、汽车尾气等都是苯及苯系化合物的污染来源。

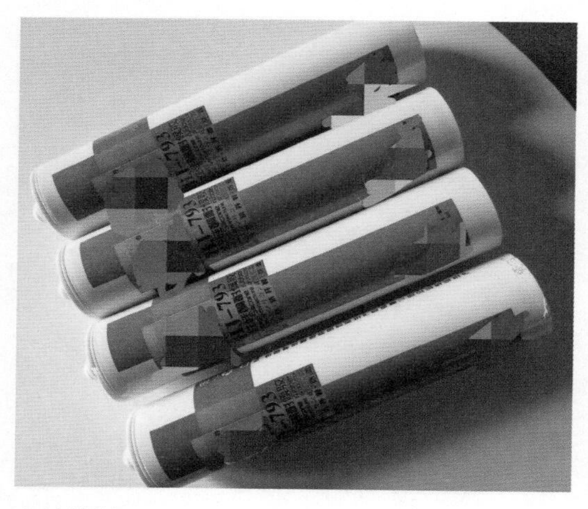

↑胶粘剂

胶粘剂对环境的污染和人体健康的危害，是由胶粘剂中的有害物质，如挥发性有机化合物、苯、甲苯、二甲苯、甲醛、游离甲苯二异氰酸酯以及挥发性有机化合物等所造成的。

↑刷漆木家具

含有苯、甲苯或二甲苯溶剂的涂料，有硝基涂料、聚氨酯涂料、丙烯酸木器涂料、氨基涂料、过氯乙烯涂料、酚醛涂料等，都或多或少地含有苯等有害物质。现在，涂料生产厂家正在积极努力将涂料中苯类有害物质控制在国家允许的范围内。

苯、甲苯和二甲苯以气体状态存在于空气中，由于它们都属于芳香烃类，弥散于室内空气中，不容易被人察觉。人的中毒作用一般是由于吸人这类的蒸气或皮肤接触所致。

人在短时间内吸入高浓度的甲苯、二甲苯时，可出现中枢神经系统麻痹，轻者出现头晕、头痛、恶心、胸闷、乏力、意识模糊等症状，严重者可致昏迷以致呼吸、循环衰竭而死亡。如果长期接触一定浓度的甲苯、二甲苯，会引起慢性中毒，可出现头痛、失眠、精神萎靡、记忆力减退等神经衰弱样症候群。

长期吸入苯会出现白细胞减少和血小板减少，从而使骨髓造血机能发生障碍，导致再生障碍性贫血。如果造血功能被完全破坏，可发生致命的颗粒性白细胞消失症，并引起白血病。

孕妇接触甲苯、二甲苯及苯系混合物时，妊娠高血压综合征、妊娠呕吐及妊娠贫血等妊娠并发症的发病率会显著增高。

1.1.3　见首不见尾的挥发性有机化合物

挥发性有机物的室内来源主要是天然气、煤炭燃烧的产物。此外，还包括吸烟、烹饪、采暖等产生的烟雾，装饰材料、家用电器、家具、清洁剂和人的身体本身的排放等。挥发性有机物污染的种类有很多，可以污染源的性质进行分类（见表1-1）。

表1-1　按污染物性质分类

序号	名称	图例	内容
1	室外工业气体	雾霾	工业生产活动或者各种机械散发出来的气体被统称为室外工业气体，室外工业气体所指的范围较大，这其中包括工业生产过程中挥发出来的气体，同时也指汽车排放的尾气以及光化学烟雾等
2	纤维材料	窗帘	天然纤维材料或合成纤维制作而成的材料，通常情况下可以做地毯、化纤窗帘、挂毯等
3	室内装饰材料	涂料	室内涂料或者室内装饰的一些其他容易挥发气味的材料，包括墙体涂料、壁纸、容易产生挥发性气味的壁画等材料
4	建筑材料	人造板	建筑工程中使用的一些易挥发气味的材料，包括建筑室内外使用的涂料、塑料板材、泡沫隔热材料、人造板材等

在目前已确认的900多种室内化学物质和生物性物质中，挥发性有机化合物至少在350种以上，其中20多种为致癌物或致突变物。由于它们单独的浓度低、种类多，当若干种挥发性有机化合物共同存在于室内时，其联合毒性作用是不可忽视的。

当挥发性有机化合物的浓度在0.188mg/m^{3}时，会导致人晕眩和昏睡；当挥发性有机化合物的浓度在35mg/m^{3}时，可能会导致人昏迷、抽筋，甚至死亡。多种挥发性有机化合物的混合存在具有协同作用，使其危害强度增大，整体暴露后对人体健康的危害更加严重。

1.1.4 人们最熟悉的二氧化碳

二氧化碳是各种含碳化合物燃烧时的最终产物。例如，工业生产或生活取暖燃烧的煤炭都可造成室内及大气中二氧化碳含量的升高。当家中使用煤气或煤炭等燃料做饭时，在通风不良的情况下，燃料释放出的一氧化碳和二氧化碳浓度会超过空气污染严重的重工业区。

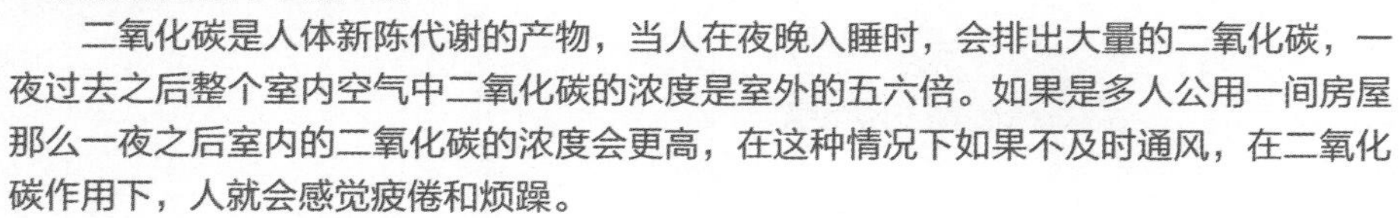

★小贴士

二氧化碳在室内中的产生

二氧化碳是人体新陈代谢的产物，当人在夜晚入睡时，会排出大量的二氧化碳，一夜过去之后整个室内空气中二氧化碳的浓度是室外的五六倍。如果是多人公用一间房屋那么一夜之后室内的二氧化碳的浓度会更高，在这种情况下如果不及时通风，在二氧化碳作用下，人就会感觉疲倦和烦躁。

二氧化碳属呼吸中枢兴奋剂，为生理所需要，对呼吸中枢有一定的兴奋作用。二氧化碳密度较空气的大，当二氧化碳浓度较低时对人体无危害，但其浓度一旦超过一定限制时，便会抑制呼吸中枢，严重时还有麻痹，原因是血液中的碳酸浓度增大，酸性增强并产生酸中毒。

↑卧室摆放过多植物

大部分植物在进行光合作用时会吸收二氧化碳并排出氧气，但是在夜间植物无法进行光合作用时就会吸收氧气排出二氧化碳，所以在卧室中最好不要摆放过多的植物。

↑仙人掌

有些植物如仙人掌就是白天释放二氧化碳，夜间则吸收二氧化碳，释放氧气，这样晚上居室内放有仙人掌，就可补充氧气，利于睡眠。

空气中二氧化碳的体积分数为1%时，人会感到气闷、头昏、心悸；空气中二氧化碳的体积分数为4%～5%时，人会出现眩晕、眼睛模糊等症状；空气中二氧化碳的体积分数为6%以上时，会使人神志不清、呼吸逐渐停止甚至死亡；空气中二氧化碳的体积分数达到10%时，就会使人呼吸逐渐停止，直至最后窒息死亡。室内空气中二氧化碳的含量受人群、通风状况、容积、人群活动等方面的影响，二氧化碳浓度增加与室内细菌总数、一氧化碳、甲醛浓度呈正比关系，它使室内空气污染更加严重。

1.1.5　更恐怖的一氧化碳

吸烟是一氧化碳的主要污染来源之一，吸烟所产生的烟雾中一氧化碳的含量最高，占3%～6%，仅一支香烟就可以产生20～30mL的一氧化碳，当在人员拥挤的火车车厢、会议室等地多人吸烟时所产生的一氧化碳的浓度就更高了。

除室内吸烟之外，室内烹饪、燃气热水器及采暖锅炉、木炭燃烧等都会产生一定量的一氧化碳。

↑燃气热水器排烟安装

燃气热水器在使用过程中会产生大量一氧化碳，当室内一氧化碳达到一定浓度时就会令人窒息。因此，燃气热水器不能安装在封闭的淋浴间内，此外还要将排气管连通到室外，避免在使用中产生有害物质对人造成伤害。

↑燃烧木炭的火锅

木炭在燃烧的过程中会产生二氧化碳，而如果通风不好，二氧化碳没有办法及时的排放出去，会在高温的情况下，重新与木炭发生化学反应，生成一氧化碳。

一氧化碳对人体的危害，主要取决于空气中一氧化碳的浓度和接触时间。浓度越高，接触时间越长，血液中的碳氧血红蛋白含量就越高，中毒就越严重。室内空气中一氧化碳浓度为37.5%时，可使人的视觉和听觉器官的细微功能发生障碍。当室内空气中一氧化碳浓度超过125%，会使人出现头晕、头痛、恶心、疲乏等一氧化碳中毒的症状。

1.1.6 不经意就出现的臭氧

办公室和家庭室内臭氧的分解速率比室外的高，且当室内温度和湿度增加时，更加促进臭氧的分解。因此，一般室内空气中的臭氧浓度比室外要低。

←紫外线灯

紫外线照射时在射线的外围会产生不均匀的电离子，这样就可以使空气中的氧分子发生电离，使其重组转化为臭氧。

←激光打印机

激光打印机采用激光头扫描硒鼓的方式在硒鼓上产生高压静电，用以吸附墨粉，这样硒鼓表面的高压电荷会电离空气中的氧气生成臭氧。

室内的复印机、激光打印机、电视机、负离子发生器、电子消毒柜等，在使用的过程中都会产生一定量的臭氧。室内的臭氧可以氧化空气中的其他化合物而自身还原成氧气；还可以被室内多种物体所吸附而衰减，如橡胶制品、纺织品、塑料制品等。臭氧是室内空气中最常见的一种氧化型的污染物。

当大气中臭氧浓度相对较低时，可对鼻和喉头的黏膜产生刺激；臭氧浓度在0.1～0.2mg/m^3时，会引起哮喘发作，导致上呼吸道疾病恶化，同时刺激眼睛，使视觉敏感度和视力降低。臭氧浓度较高时会引起头痛、胸痛、思维能力下降，严重时可导致肺气肿和肺水肿。

1.1.7　是房子就会有的氨

室内空气中氨的来源之一是黏合剂中的氨，家具中木质板材在加压过程中，常常使用大量的黏合剂，这类黏合剂的主要成分就是甲醛和尿素加工聚合而成的，它们在室内高温下会释放出气态的甲醛和氨，造成室内空气污染。

室内空气中氨的来源之二就是在建筑施工中所必须要使用到的混凝土添加剂，我国北方冬季十分寒冷，动辄就是零下几十度，在这种天气条件下施工，就必须在混凝土墙体中加入以尿素和氨水为主要外加剂的混凝土防冻剂，之后氨慢慢地从墙体中释放出来，造成室内空气中氨的浓度大量增加。尤其是到了夏季，温度逐渐升高时，氨气从墙体中释放的速度就会逐渐加快，最终可能导致室内空气中氨的浓度严重超标。

↑ 烫发

现在的烫发水中最主要的成分就是氨水，氨水能够让头发的毛鳞片软化以及重组头发形态结构，所以氨是烫发水中不可或缺的一种化学物质。

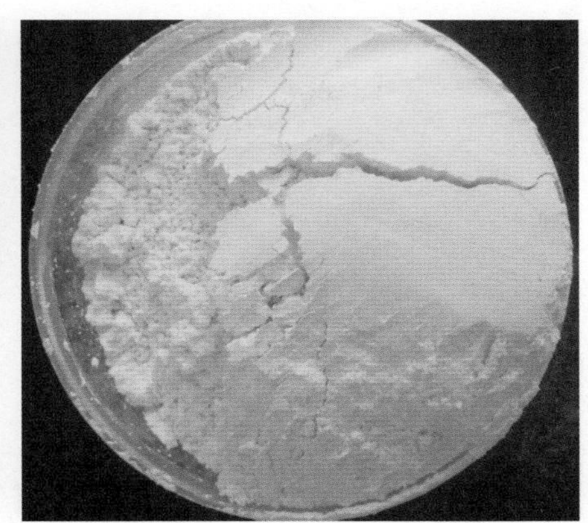

↑ 增白剂

增白剂俗称白色染料，是一种无色并在紫外光照射下能激发出荧光的有机化合物，它能提高物质的白度和光泽。

氨被吸入肺后容易通过肺泡进人血液，与血红蛋白结合，破坏运氧功能。短期内吸入大量氨气后可出现流泪、咽痛、声音嘶哑、咳嗽、痰带血丝、胸闷、呼吸困难，并伴有头晕、头痛、恶心、呕吐、乏力等，严重者可发生肺水肿、成人呼吸窘迫综合征等，同时可能发生呼吸道刺激症状。所以碱性物质对组织的损害比酸性物质更深而且严重。

1.1.8 隐藏在砖石中的氡

用于取暖以及烹饪的厨房设备所需要的天然气中会释放出一定量的氡，氡相较于其他化学物质的危害在于它的不可挥发性，所以它不会随着时间的流逝而减少。

装修材料中会含有一定量的氡，例如花岗岩、水泥、砖沙以及石膏等物质都能够析出氡，其中特别是含有放射性元素的天然石材，最易释放出氡，并且各种石材由于产地、地质结构以及生成的年代不同，它的放射性也不同，经过相关部门的抽查检测，可以看出天然石材中花岗岩超标最多，放射性较高。

土壤中也含有一定量的氡，在地层的深处含有镭、铀的土壤以及岩石中都可以发现高浓度的氡，这些氡通过地层的断裂带进入土壤，并沿着土地的裂缝一直扩散到室内，因此低层建筑氡的含量高于高层建筑氡的含量。

↑花岗岩

天然石材中的放射性元素在衰变过程中会产生氡，而常温下氡分子在空气中能形成放射性气溶胶而污染空气，易被呼吸系统截留，并在肺部区域不断积累，从而使我们受到低剂量的辐射，也就是所谓的内照射。因此，住宅与办公室内不要大面积使用天然石材。

↑土壤检测

室内氡浓度的多少与房子选址、房子设计、建房选材和装修资料有着直接的联系。建房前必须要对选址土壤中铀和镭的含量进行测量，千万不能选在开裂地表的附近。

由于氡是一种无色无味的情性气体，所以它对人体的伤害也是不知不觉的。氡对人体的危害主要为：导致肺癌，是引起肺癌的第二大因素；使人体中的白细胞和血小板减少，从而导致白血病；杀死精子，使人丧失生育能力。另外，氡可以通过人体脂肪影响人的神经系统，使人精神不振，昏昏欲睡。氡气已成为人体健康的超级杀手。

1.2 装修污染检测与控制标准

装修污染检测以往都是深不可测的专业技术，现在市场上的检测设备很多，不同等级、档次、适用范围的检测设备品种繁多，本书第9章会将介绍室内空气检测仪器，供普通家庭和装修企业用户选购使用。

1.2.1 我国相关的国家标准

目前，我国有两部关于装修污染检测与控制的国家标准，分别是GB/T 18883—2002《室内空气质量标准》与GB 50325—2010《民用建筑工程室内环境污染控制规范（2013版）》，前者由卫生部制定，后者由建设部制定。

GB/T 18883—2002《室内空气质量标准》（以下简称GB/T 18883—2002）与GB 50325—2010《民用建筑工程室内环境污染控制规范（2013版）》（以下简称GB 50325—2010）的区别如下。

1. 针对性的区别

GB/T 18883—2002是国家质量监督检验检疫总局和卫生部发布的国标推荐性标准，是一种指导性标准。GB 50325—2010是住建部发布的强制性标准，是建筑、装修验收标准，对建筑商和装修商具有强制性。

←中国环境标志

中国环境标志是标示在产品或其包装上的一种“证明性商标”。它表明产品不仅质量合格，而且符合特定的环保要求，与同类产品相比，具有低毒少害、节约资源能源等环境优势。认证产品种类主要包括家具、建筑材料、日用品、纺织品、汽车、办公设备、油墨、再生鼓粉盒、生态住宅、太阳能等。

2. 指标值的区别

GB/T 18883—2002涉及室内环境物理性能、化学性能、生物性能、放射性等共19项指标，GB 50325—2010只对甲醛、苯、氨、TVOC（总挥发性有机物）和氡^{222}等5个项目进行了限定。两个标准重叠的项目的限定值依甲醛、苯、氨、TVOC（总挥发性有机物）和氡^{222}的限值对比（见表1−2）。

表1-2　　两种检测标准关键元素指标对比

序号	检测名称	GB/T18883-2002《室内空气质量标准》12h测试	GB50325—2010《民用建筑工程室内环境污染控制规范》1h测试
1	甲醛	≤0.10mg/m^3	≤0.08mg/m^3
2	苯	≤0.11mg/m^3	≤0.09mg/m^3
3	氨	≤0.20mg/m^3	≤0.20mg/m^3
4	TVOC（总挥发性有机物）	≤0.60mg/m^3	≤0.50mg/m^3
5	氡^{222}	≤400Bq/m^3	≤200Bq/m^3

3. 检测条件不同

GB/T 18883—2002接近人们日常生活习惯，要求12h密闭环境之后测试，而GB 50325—2010标准更宽一些，要求1h密闭环境下测试，主要为了照顾开发商、建设单位在施工现场短时间内完成检测，这个参数具有强制性，不合格即不可通过验收。

从指标值来看，GB/T 18883—2002比GB 50325—2010的要求还要低一点。但事实上，落实到检测条件的时候，GB/T 18883—2002比GB 50325—2010要严格。前者规定要关闭门窗12h之后进行。关闭门窗后室内空气与室外空气无法对流，稀释时间越长、温度越高，积聚的污染物浓度越高。后者规定检测前要充分通风，然后只关闭门窗1h就进行检测。所以经常是GB/T 18883—2002检测超标而GB 50325—2010测出来不超标。

检测条件的不同，往往导致按GB 50325—2010规范验收交工交付使用的房屋，按GB/T 18883—2002标准进行检测出现不合格的现象，由此产生的案例，法院基本上判为房屋业主败诉。

总之，空气检测本身就具有多项指标，采用适合环境的空气质量标准，更好地运用到室内空气检测过程中，才可以得到更为准确的结果。

GB/T 18883—2002主要适用于已投入使用的建筑物，即对工程交付使用后的室内环境进行控制，或适用于日常生活空气质量控制。在室内环境污染物中，既有建筑物结构材料、装饰装修材料散发的污染物，也有室内各种设备、家具、电器及生活、办公、人群等产生的污染物。建筑材料对室内环境的污染，会随着时间的延长逐渐减小，而电器及生活、办公、人群等产生的污染则是持续性的，有时后者甚至高于前者。

1.2.2　其他国家对室内环境污染的控制标准

1. 德国

德国作为一个严谨的国家，对于装修材料产品的管理非常严格。

在德国，装修材料必须与同样性能的产品进行对比；从整体上进行考虑，要考虑环保的一切方面；材料要标示出对环境的可靠性特征；推广材料的合理使用方法，提升材料的安全性。做到以上几点才能被授予蓝色天使标志。

德国蓝色天使标志主要特点为节能、无磷、可回收利用、低毒低害、低噪声、节水或者可生物降解。比如定位“低毒低害”的木质人造板，甲醛含量国际标准是不可超0.08mg/m^3，而标志产品则要求低于0.05mg/m^3，可见其要求比国际标准更高。

←德国蓝色天使

蓝色天使是世界范围内有关环境和消费者保护的第一个标志体系，1978 年由联合国内政部提出。1986 年蓝色天使体系转交给了德国联邦环保部。蓝色天使的 LOGO 来自于联合国环境规划署的 LOGO，所以是一个蓝色的标志。

2. 加拿大

加拿大于1993年3月颁布了第一个产品标志——CSA标志，至今已有14个类别800多种产品被授予CSA环境标志。

加拿大对建材产品制定了“住宅室内空气质量指南”，并随着时间而不断进行修改。如现在多数水性建筑涂料的总有机挥发物在100～150g/L范围内，有的涂料已达到总有机挥发物为零含量。同时，还规定了水性建筑涂料不得使用甲醛、卤化物溶剂、含芳香族类烃类化合物，不得用汞、铅、镉和铬及其化合物的颜料和添加剂。

加拿大对人造板材的质量控制非常严格。规定刨花板的总有机挥发物现用值为不高于120g/m^3，目标值为60g/m^3；中密度纤维板和硬木板的推荐VOCs为不高于180g/m^3；可拆卸石膏板专用胶粘剂，不得含有芳香族、卤化物等有机物，其有机挥发物含量不高于3%。

←加拿大 CSA 标志

CSA 是加拿大最大的安全认证机构，也是世界上最著名的安全认证机构之一 。它能对机械、建材、电器、电脑设备、办公设备、环保、医疗防火安全、运动及娱乐等方面的所有类型的产品提供安全认证。

3. 美国

美国是开展室内环境标准与相关产品认证制度研究较早的国家，美国环保局正在开展应用于住宅室内空气质量控制的研究计划，一些州和有关组织已开始实施有关建筑装饰材料的环境标准与标志计划，并取得了显著的效果。

← BIFMA 证书封面

BIFMA 简称 BFM，是制定北美办公家具行业标准和制度的机构，主要为办公家具开发设计和营销企业提供服务，世界各国家具要进入美国，必须先拿到 BIFMA 等机构认证的国际标准准行证才能进入美国市场。因此，BIFMA 在国际家具业对外贸易交往中起着重要的作用，BIFMA 标准以其完善的内容、严格的要求逐渐赢得了广泛的认同。

↑绿色卫士标志

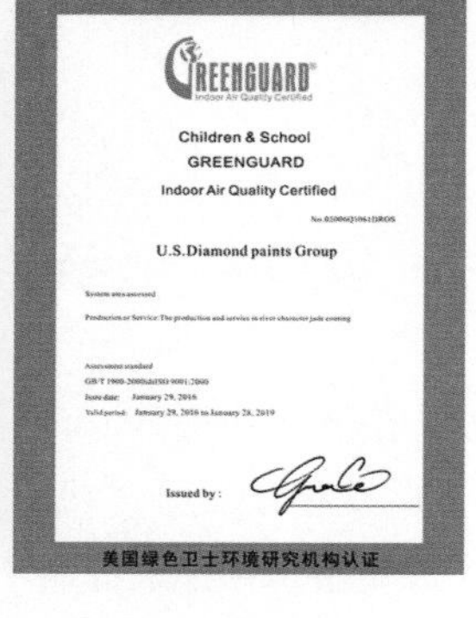

↑绿色卫士证书

美国的绿色卫士认证是国际公认的最权威的室内产品，其中包括对建材、家具、装饰材料、地面材料、油漆和涂料、表面材料、清洁剂及儿童产品等 20 多个类别的认证标准。它的绿色资源数据库被超过 200 个国家的政府采购、公用机构、行业协会列为无害产品购买指南。

◎本章小结

随着国民经济的快速发展、人民生活水平的日益提高和消费者室内环境保护意识的增强，室内环境变化较快、污染物种类较多、含量变化范围较广、区域性污染物差别也较大。因此，在装修中要了解各种有毒物质的属性，针对不同有毒物质进行防治，彻底解决装修污染问题。

第 2 章

基础材料务必牢靠安全

识读难度： ★☆☆☆☆

核心概念： 外加剂、涂料、检测

章节导读： 基础工程是全套装修的开始，要想装修环保就必须要对基础材料有具体的了解。在基础工程的实施过程中，如封阳台、墙体砌筑及墙地面处理的过程中少不了要用到混凝土、防水涂料等，由于这些基础材料品种多样，质量参差不齐，我们在选购的时候一定要仔细辨别，要特别注意材料的品质，不要被低廉的价格所迷惑从而买到有危害的装修材料。

2.1 建筑装修中必定存在的混凝土

混凝土是由胶凝材料（如水泥）、水以及骨料等按适当比例配制，经混合搅拌、硬化而成的一种人工石材。

在装修中使用的混凝土是指采用水泥做胶凝材料，用砂、石做骨料，与水按一定比例配合，经搅拌、成型、养护而成的水泥混凝土，也称为普通混凝土。此外，还有用于户外墙、地面铺装的装饰混凝土。

←混凝土

混凝土一般会用专用的混凝土车运输，在运输过程中要注意保持混凝土的匀质性，运送混凝土的容器应该严密、不漏浆，容器内部要平整、光洁、不吸水。

←光之教堂

光之教堂是日本著名设计师安藤忠雄的成名作，整个建筑用坚实厚硬的清水混凝土做绝对的围合，给人以神圣、清澈、纯净、震撼之感。

2.1.1　普通得不能再普通的混凝土

普通混凝土具有原料丰富，价格低廉，生产工艺简单等特点，同时，混凝土还具有抗压强度高，耐久性好，强度范围广等特点。

普通混凝土主要用于浇筑室内增加的地面、楼板、梁柱等构造，也可以用于成品墙板或粗糙墙面找平，在户外庭院中还可用于浇筑各种小品、景观、构造等物件。用于装修的普通混凝土密度一般为2500kg/m^3，且施工成本较高，以室内浇筑架空楼板为例，配合钢筋、模板等施工费用，一般为800～1000元/m^2。

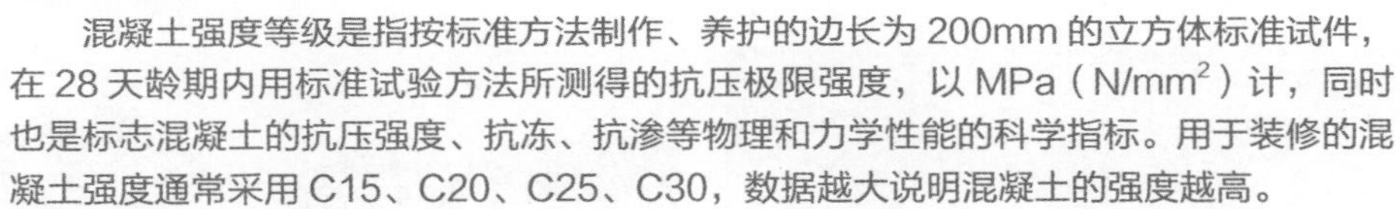

混凝土规格

混凝土强度等级是指按标准方法制作、养护的边长为 200mm 的立方体标准试件，在 28 天龄期内用标准试验方法所测得的抗压极限强度，以 MPa（N/mm^2）计，同时也是标志混凝土的抗压强度、抗冻、抗渗等物理和力学性能的科学指标。用于装修的混凝土强度通常采用 C15、C20、C25、C30，数据越大说明混凝土的强度越高。

混凝土配置搅拌后要在2h内浇筑使用，浇筑梁、柱、板时，初凝时间为8～12h，大体积混凝土为12～15h。混凝土浇筑后要注意养护，这样有利于创造适当的温湿度条件，保证或加速混凝土的正常硬化，我国的标准养护条件是温度为20℃，湿度大于95%。

↑ 立柱钢筋与模板

使用混凝土砌筑立柱时要将立柱的钢筋先捆绑起来，再做模板，然后浇筑混凝土进行封模。

↑ 楼板钢筋与模板

使用混凝土浇筑楼板时要先做好模板，再做钢筋，然后浇筑混凝土进行封模作业。使用混凝土浇筑时，注意混凝土的自由高度不宜超过2m，浇筑所用的混凝土以及外加剂等必须经过检验合格才能使用，确保建筑体的稳定性。成品混凝土厂供应各种类型的混凝土，根据所需量和种类的不同，价格也会有所不同。

2.1.2 丰富多彩的装饰混凝土

装饰混凝土是近年来一种流行于国外的绿色环保材料，通过使用特种水泥、颜料或颜色骨料，在一定的工艺条件下制得的混凝土。

装饰混凝土既可以在混凝土中掺入适量颜料或采用彩色水泥，使整个混凝土结构或构件具有色彩，又可以只将混凝土的表面部分设计成彩色的，这两种方法各具特点，前者质量较好，但成本较高；后者价格较低，但耐久性较差。

装饰混凝土能在原本普通的新旧混凝土的表层，通过色彩、色调、质感、款式、纹理的创意设计，对图案与颜色进行有机组合，创造出各种天然大理石、花岗岩、砖、瓦、木地板等天然石材铺设效果，具有美观自然、色彩真实、质地坚固等特点。

↑装饰混凝土模具

装饰混凝土模具拥有各种造型，可以用于户外需要有特色图案装饰的地面区域。

↑彩色沥青混凝土

彩色沥青混凝土属于装饰混凝土的一种，本身是深褐色，主要通过着色剂来改变本身色彩，用于绿道、自行车道、步行道以及景观园林道路等慢行道路及景观道路铺装。

装饰混凝土用的水泥强度等级一般为42.5级，细骨料应采用粒径小于1mm的石粉，也可以用洁净的河砂代替。颜料要求分散性好、着色性强，可以用氧化铁或有机颜料。骨料在使用前应该用清水冲洗干净，防止杂质干扰色彩的呈现效果。

为了提高饰面层的耐磨性、强度及耐候性，还可以在面层混合料中掺入适量的胶粘剂。在生产中为了改善施工成型性能，也可以掺入少量的外加剂，如缓凝剂、促凝剂、早强剂、减水剂等，这些物质均存在污染。

目前，采用装饰混凝土制作的地面，具有不同的几何、动物、植物、人物图形，产品具有外形美观、色泽鲜艳、成本低廉、施工方便等特点。

2.2 必不可少的混凝土外加剂

外加剂能调配水泥的物理、化学性能，是水泥中必不可少的添加剂，这些化学物质大多都会对室内环境造成污染。

在混凝土搅拌之前或拌制过程中需要加入外加剂，混凝土外加剂能够改善新拌和硬化混凝土的性能。一般情况下混凝土外加剂的掺量不超过水泥质量的5%，虽然看起来混凝土外加剂的掺量很小，但是它却能够显著改善混凝土的某些性能，所以称混凝土外加剂有“四两拨千斤”的作用。

混凝土外加剂的种类繁多，可以按照它的主要功能来进行分类（见表2-1）。

表2-1　　按混凝土外加剂的功能分类

序号	功能	外加剂名称
1	改善混凝土拌合物和易性的外加剂	各种减水剂、泵送剂、引气剂
2	调节混凝土凝结时间、硬化性能的外加剂	缓凝剂、速凝剂、早强剂
3	改善混凝土耐久性的外加剂	防水剂、阻锈剂、引气剂
4	改善混凝土其他性能的外加剂	防冻剂、加气剂、膨胀剂、着色剂、防水剂、泵送剂

↑液态减水剂

液态减水剂相较于粉状减水剂在使用时能更均匀地掺入混凝土中。

↑粉状减水剂

粉状减水剂相较于液态减水剂更便于长途运输，能降低运输成本，粉状减水剂是由液态减水剂干燥固化而来。粉状减水剂主要应用于灌浆料、水泥自流平等。

2.2.1 混凝土外加剂有何用

混凝土外加剂在混凝土施工过程中能够有效改善施工条件，有助于机械化施工从而降低施工人员的工作压力，同时能够在保证工程质量的前提下提高工作效率。

混凝土外加剂可以帮助工作人员在不同的现场条件下完成以往难以完成的要求。混凝土外加剂能够有效减少养护时间，或者让预制厂缩短蒸养的时间，提早进行拆模加速模板周转，加快预应力钢筋混凝土的钢筋放张与剪筋等，使工程整体在施工速度上有明显提升。

↑混凝土蒸养设备

蒸养混凝土能提高混凝土的反应温度，在初期的供热升温阶段，主要是依靠蒸汽在混凝土上的凝结放热将蒸汽热传给混凝土，对流放热作用是次要的。

↑蒸养加气混凝土砌块

蒸养加气混凝土砌块是以水泥、石灰、矿渣、砂、粉煤灰、发气剂、气泡稳定剂和调节剂等物质为主要原料，经磨细、计量配料、搅拌浇注、发气膨胀、静停、切割、蒸压养护、成品加工等工序制造而成的多孔混凝土制品。

外加剂能够起到提高混凝土耐久性、强度与密实性，增强混凝土的抗渗性与抗冻性的作用，对干燥收缩及流变性能有明显改善，同时外加剂还可以提高钢筋的耐蚀性。

只要正确操作混凝土外加剂，一般不会影响混凝土的质量，而且在某些因素下，使用混凝土外加剂在保证混凝土质量的同时还能够节约水泥的用量，在一定程度上是对生态环境的一种保护。

混凝土外加剂按化学成分分类（见表2-2）。

表2-2　按外加剂的化学成分分类

序号	名称	功能
1	缓凝剂	缓凝剂有降低水泥水化热的功能，能够有效延长混凝土的凝结时间，如酒石钾钠、酒石酸等
2	速凝剂	速凝剂有促进混凝土迅速凝结和硬化的功能，能够加速水泥的水化反应，如水玻璃溶液、铝氧熟料等
3	抗冻剂	抗冻剂有促进混凝土在低温下增强强度的功能，能够降低混凝土的冻结温度，如尿素、氯化钙等
4	早强剂	早强剂具有降低水泥用量、提高混凝土早期强度、缩短养护时间等功能，如氯化钠、氯化钙等
5	减水剂	减水剂能够增强混凝土拌和物流动性，改善它的和易性功能，如糖蜜普通减水剂、高效减水剂、早强减水剂等
6	密实剂	密实剂能够有效提高抗渗性和减少收缩、防止开裂、阻止水分子渗透、显著提高混凝土强度等功能，如三乙醇胺
7	防水剂	混凝土防水剂能降低砂浆、混凝土在静水压力下的透水性
8	膨胀剂	膨胀剂经水反应生产钙矾石、氢氧化钙等，使混凝土产生体积的膨胀
9	消泡剂	消泡剂也被称为去泡剂，消泡剂能够消除或者抑制混凝土中的较大气泡从而提高混凝土的强度
10	引气剂	在混凝土中加入引气剂可引入大量均匀封闭的微小气泡，具有改善混凝土拌和物和易性，提高混凝土耐久性和抗冻性的功能

2.2.2　混凝土外加剂中的有害物质

上述混凝土外加剂均存在毒害，主要致毒成分来源于重金属与挥发性气体，这些物质与空气接触后会从外加剂中分离出来，或混合在空气中。导致环境污染。

例如，减水剂是一种能减少拌合用水量的混凝土外加剂，能改善混凝土拌合物的流动性，节约水泥。减水剂主要成分有木质素磺酸盐等，其中甲醛就会从凝固的混凝土内释放出来。

又如，抗冻剂，混凝土抗冻剂的的研制和应用，让在严寒气候下的混凝土的制备、浇筑、养护等均得到了显著的效果，使得之前面对低温条件混凝土施工必须暂停的窘迫局面得到了有效的改善，这大大提高了建筑行业的经济效益以及社会效益。

在早期的混凝土抗冻剂的生产中主要成分多为氯化钠，但当人们认识到氯离子对钢筋具有锈蚀作用之后，转而找到尿素，将其作为混凝土抗冻剂的有效成分。但是尿素在混凝土中产生水解，生成氨气和二氧化碳，氨气挥发会造成建筑物室内的氨气污染。

←被锈蚀的钢筋

氯离子的侵蚀是引起混凝土中钢筋腐蚀的主要原因。氯离子是极强的去纯化剂，一定条件下其浓度达到临界值，钢筋就会去纯化而腐蚀。

←密闭的办公空间

要想排除氨气最好的方法是多开窗通气，但是对于一些污染较严重的城市或者是密闭的写字楼来说此法行不通，这种时候就可以选择空气净化器来减轻氨气的污染。

到目前为止，对于混凝土中氨气的挥发而造成室内空气污染这一问题，还没有理想的解决办法。要想减轻室内氨气污染一般只能以开窗通风来解决。

建筑中均有不同程度的氨气污染，因为混凝土使用防冻剂造成了室内氨气污染，这使得购房业主人心惶惶。对于众多高档的写字楼来说，因为其密闭的设计不能够满足通风的要求，大面积的玻璃幕墙无法开窗通风。所以近年来一些室内空气净化器生产厂家正在研发氨气净化装置，这类净化装置的使用效果还有待进一步测试。

2.2.3 控制混凝土外加剂中的有害物质

混凝土作为房屋构筑的基石是必须存在的，因此混凝土外加剂的存在也是不可避免的。氨气是从墙体中散发出来的，室内墙体面积的大小会直接影响到室内氨气的浓度，不同结构的房间以及通风情况的不同都会导致室内空气中氨污染的程度的不同。业主在准备装修之前，最好自己携带一个便携式氨气检测仪对各个不同的房间进行氨气的检测，之后再根据房间污染情况的不同合理安排使用功能，如污染严重的房间尽量不要做卧室。

↑氨气检测仪

氨气检测仪是用于检测环境中氨气浓度的电子仪器，可随身携带。当检测到环境中氨气的浓度达到或超过预置报警值时，氨气检测仪会发出声光及震动报警信号。

↑新风机

新风机中的吸附剂能有效吸附空气中的二氧化硫、一氧化碳、甲醛、氨气、氮氧化合物、氢氰酸等挥发性有机化合污染物，被吸附剂所捕捉吸附从而达到净化空气的目的，吸附剂能够有效地清除低浓度污染物质且使用很方便，所以是一种较为普遍的污染物清除方法。新风机利用特殊设计的专用高压头、大流量鼓风机，实现机械通风换气，以物理方式提高室内空气品质。

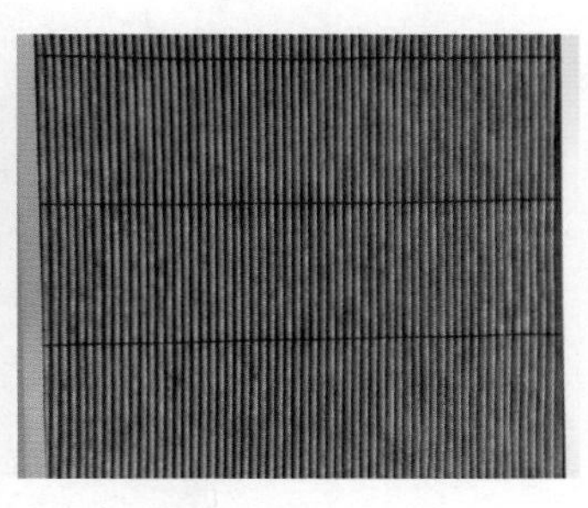

↑活性炭格

活性炭格是将活性炭包裹在稀薄无纺布中，制成W形，安装在空调新风机或空气净化器中，是最常见的吸附配件，经过加工处理所得的无定形碳，具有很大的比表面积，对气体、溶液中的无机物质或有机物质及胶体颗粒等都有良好的吸附能力。

排除氨气的最好方法还是要常常开窗通风，对于空气状况十分良好的城市来说常常开窗通风不仅能够排除包括氨气在内的众多室内污染气体，同时也能够使居室空气流通，更加有益于居住者的身体健康。

对于污染状况较严重的城市来说不能够常常开窗通风，可以使用新风机来排除室内的氨气，新风机是一种高效的空气净化设备，能够使室内空气产生循环，一方面把室内污浊的空气排出室外，另一方面把室外新鲜的空气经过杀菌、消毒、过滤等措施后，再输入到室内，让房间里每时每刻都是新鲜干净的空气。

外露的混凝土要进行封闭处理，可以先喷涂 1 遍透明液体状的清除剂，在涂刷聚酯清漆，最后再喷涂 2 遍清除剂。

Loft 工业风格时下比较流行，采用外露的建筑混凝土来表现建筑自身的原始美感，这时就要特别注意封闭外露的混凝土。

↑ Loft 工业风格住宅（1）

如果对混凝土外加剂的污染特别不放心，可以选择仿水泥纹理的地砖来铺装地面。

↑ Loft 工业风格住宅（2）

Loft 工业风格外露的混凝土、砖块部位不宜过多，以免混凝土中的外加剂污染严重。

2.3 水电管线材料要精挑细选

水电路施工是装修工程中重要的隐蔽工程，如果材料质量不过关，将会带来巨大的安全隐患，一旦填埋到墙、地面中，维修起来非常麻烦，因此一般要选用知名品牌。

2.3.1 最常见的PP-R供水管

PP-R管又被称为三型聚丙烯管，是采用无规共聚聚丙烯经挤出成为管材，注塑而成的绿色环保管材，用于自来水供给管道。PP-R管有一般塑料管所具备的重量轻、耐腐蚀、不结垢、使用寿命长等特点，最主要的是无毒、卫生，理论上PP-R的原料分子只有碳、氢元素，没有其他害毒元素存在，对健康没有危害。

↑ PP-R 管

PP-R 管的加工原料是玉米秸秆，但是在生产中部分厂家会加入着色剂，制成绿色、白色、蓝色等多种颜色，着色剂存在污染，会影响水质，因此在选购时尽量选用浅绿灰色，这是玉米秸秆的原色。

↑ PP-R 管配件

PP-R 管要选用配套产品的接头、配件，不同品牌和规格不能混用。

PP-R管不仅是厨房、卫生间冷、热水给水管的首选，还能够用于全套住宅的中央空调、小型锅炉地暖的给水管，以及直接饮用的纯净水的供水管。

选购与应用

PP-R供水管分为冷水管与热水管，冷水管的工作温度只能达到70℃，热水管可以达到130℃，但冷水管价格低廉。为了防止热水器中的热水回流，一般应全部采用热水管，使用起来更加安全。而冷水管一般只用于阳台、庭院的洗涤、灌溉等。

PP-R管的规格表示分为外径（DN）与壁厚（EN），单位均为mm。PP-R管的外径一般为φ20（4分管）、φ25（6分管）、φ32（1寸管）、φ40（1.2寸管）等。

PP-R管上的S字母表示管材抗压级别，单位为MPa。大部分企业生产的PP-R管材有S5、S4、S3.2、S2.5、S2等级别，其中S5级管材能够承载1.25MPa（12.5kg）水压，常规水压为0.3～0.5MPa。以φ25的S5型PP-R管为例，外部直径φ25，管壁厚2.5mm，长度为3m或4m，也可以定制，价格为6～8元/m。

↑ PP-R 管配件

PP-R 管的配件主要包括直接、内丝弯头、三通、弯头、四通、活接、过桥弯以及阀门等。PP-R 管各种规格接头配件，价格相对较高，是一套复杂的产品体系。

↑双层 PP-R 管

双层 PP-R 管由内外两层构成，大多内层是为了抗菌，能够有效地对水源进行杀菌抑菌，且双层管内壁光滑，管道阻力小，这也极大地减少了水流的震动和噪声，送水迅速。

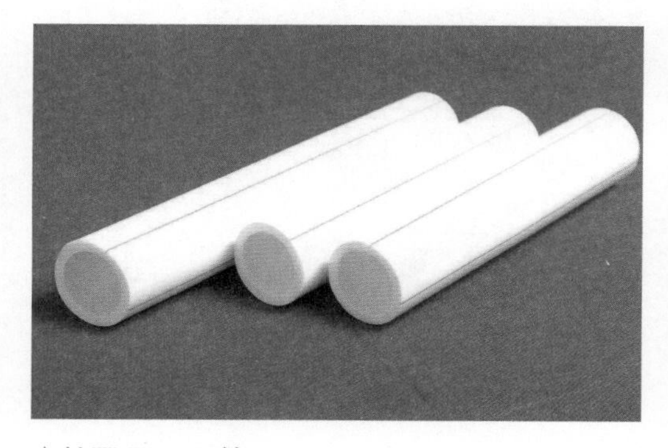

↑单层 PP-R 管

单层 PP-R 管一般的承受温度在 80 ～ 90℃，一旦遇到热胀冷缩，极易发生爆管。

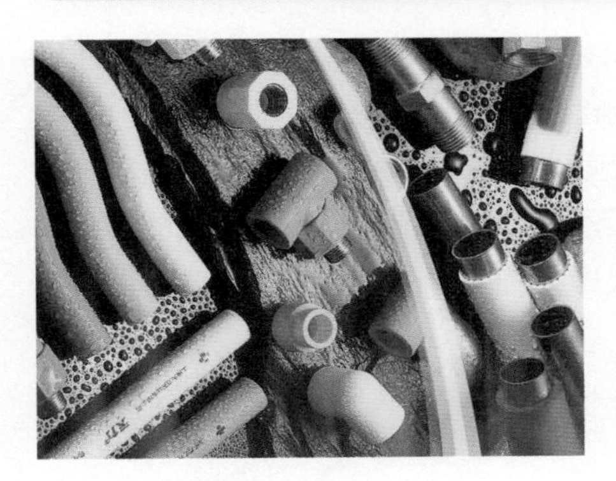

↑ PP-R 铜塑复合管

PP-R 铜塑复合管具备一定的抑菌能力，同时导热性能也十分优异，但价格较高。相比 PP-R 管而言，PP-R 铜塑复合管更加节能、环保、健康。因为在生活用水中，水在 PP-R 管内会长时间滞留，如果使用不合格的 PP-R 原料甚至采用回收再生材料所生产的管材，会导致有害物质分子溶于水中，其危害甚大。

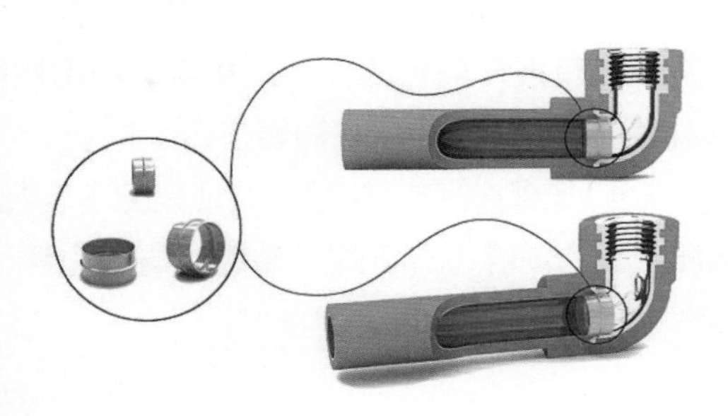

↑ PP-R 铜塑复合管内部构造

PP-R 铜塑复合管的内层为无缝纯紫铜管，由于水是完全接触于紫铜管的，性能就等同于铜水管。PP-R 铜塑复合管接头采用紫铜或黄铜作为内嵌件，外部加注塑 PP-R 材料，可进行简便的热熔连接。

1. 正确选购PP-R管

（1）观察管材外观。仔细查看管材、管件的外观，管材与配件的颜色应基本一致，内外表面应该光滑、平整、无凹凸、无气泡，不应该含有可见的杂质。

（2）测量管材相关尺寸。测量管材、管件的外径与壁厚，对照管材表面印刷的参数，看看是否一致，观察管材的壁厚是否均匀，这会影响管材的抗压性能。如果经济条件允许，可以选用S3.2级与S2.5级的产品。

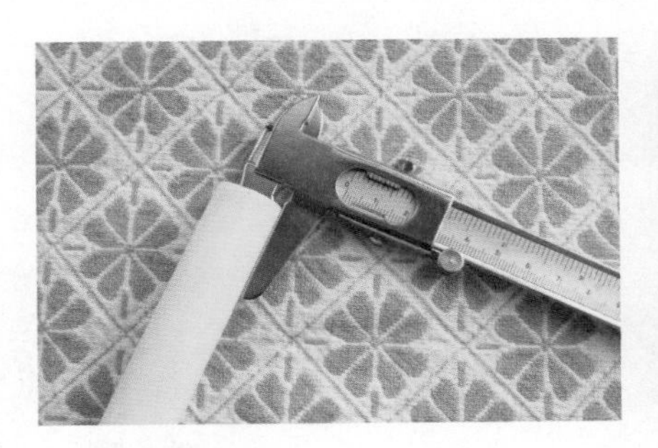

↑测量管径

将游标卡尺的卡钳深入到 PP-R 管中，夹紧至无缝隙，并得出相应数值，一般需人工读取数值，精确度较高。

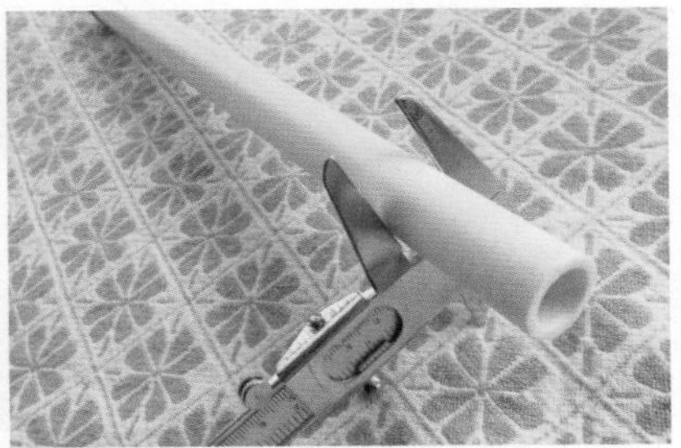

↑测量管壁

使用游标卡尺钳住 PP-R 管，使其外管完全与游标卡尺的卡钳贴合，卡尺上数值为管径尺寸。

（3）检查管材外部包装。仔细查看PP-R管的外部包装，优质品牌产品的管材两端应该有塑料盖封闭，防止灰尘、污垢污染管壁内侧，且每根管材的外部均具有塑料膜包装，可以用鼻子对着管口闻一下，优质健康的产品不会有任何气味。

（4）查看配套接头配件。观察配套接头配件，尤其是带有金属内螺纹的接头，优质产品的内螺纹应该是不锈钢或铜材。可以先买1根用打火机燃烧管壁，检查质量是否达标。

↑触摸接缝

用手触摸 PP-R 管的金属配件，金属与外围管壁的接触应当紧密、均匀，不会存在任何细微的裂缝或歪斜，且每个配件均有塑料袋密封包装。

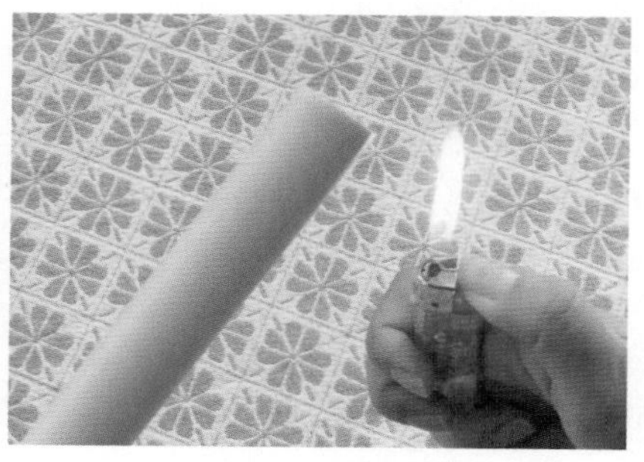

↑火烧加热

用打火机沿着 PP-R 管的外管壁进行加热，观察管壁是否有掉渣现象或产生刺激性的气味，如果没有则说明 PP-R 管质量不错。

2. PP-R管正确施工步骤

↑墙地面精准放线定位

↑在墙地面开槽

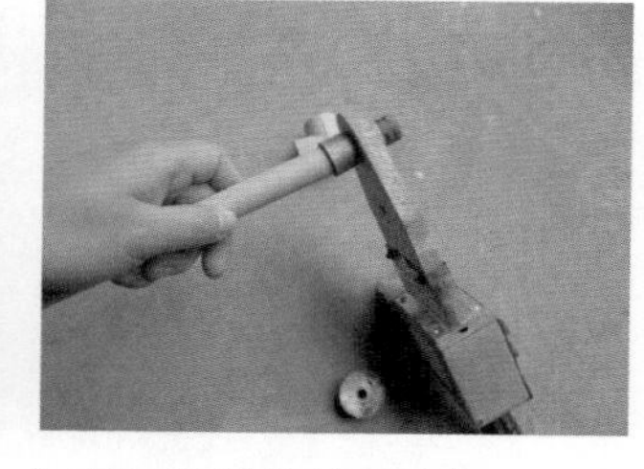

↑ PP-R 管热熔后冷却 5 ~ 7s

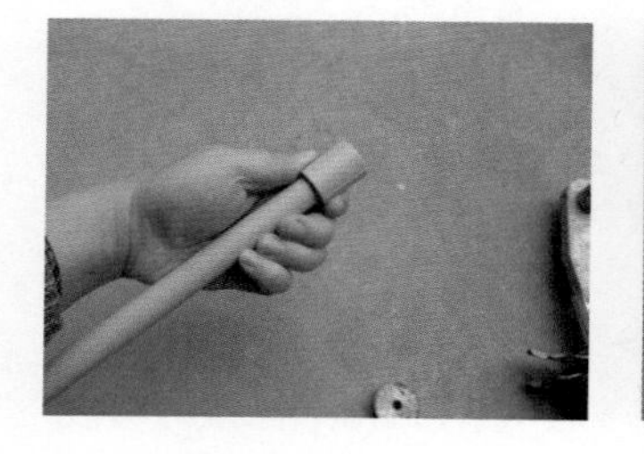

↑连接管道与配件

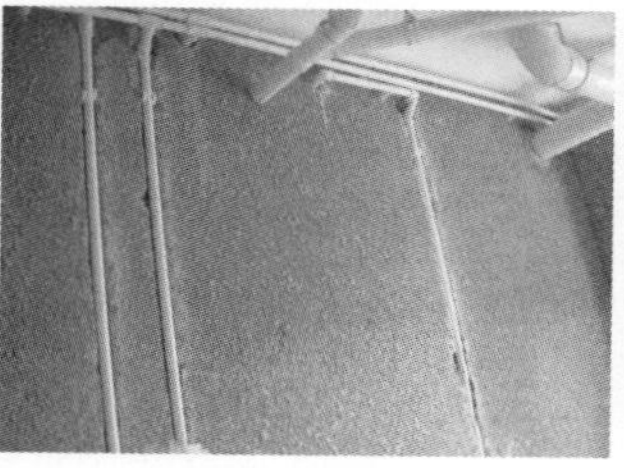

↑在墙地面安装固定

↑打压测试，压力达到 0.8MPa

2.3.2 专用于排水的PVC管

PVC管又称为聚氯乙烯管，是用热压法挤压成型的塑料管材。PVC管的抗腐蚀能力强、易于粘接、价格低、质地坚硬，是当今最流行且被广泛应用的合成管道材料。

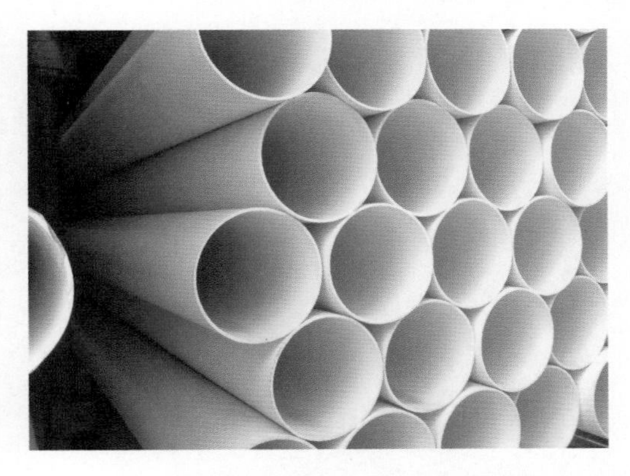

← PVC 管

PVC 管无论采用粘接还是橡胶圈螺旋连接，均具有良好的水密性。此外，PVC 管不是营养源，因此不会受到啮齿类动物，如老鼠等的啃噬与破坏。

PVC管不能用于生活饮用水的给水管，聚氯乙烯对人体是有毒害的。

在装修中，PVC管主要用于生活用水的排放管道，由地面向上垂直预留100～300mm，待后期安装洁具完毕再根据需要裁切。PVC管的规格为公称外径50～160mm等。

大部分PVC管的管壁厚1.5～5mm，较厚的管壁还被加工成空心状，隔声效果较好。ϕ50～ϕ75PVC管主要用于连接洗面台、浴缸、淋浴房、拖布池、洗衣机、厨房水槽等排水设备。ϕ110～ϕ130的PVC管主要用于连接坐便器、蹲便器等排水设备。ϕ160以上的PVC管主要用于厨房、卫生间的横、纵向主排水管的连接。以ϕ75的PVC管为例材，外部ϕ75，管壁厚2.3mm，长度一般为4m，价格为8～10元/m。

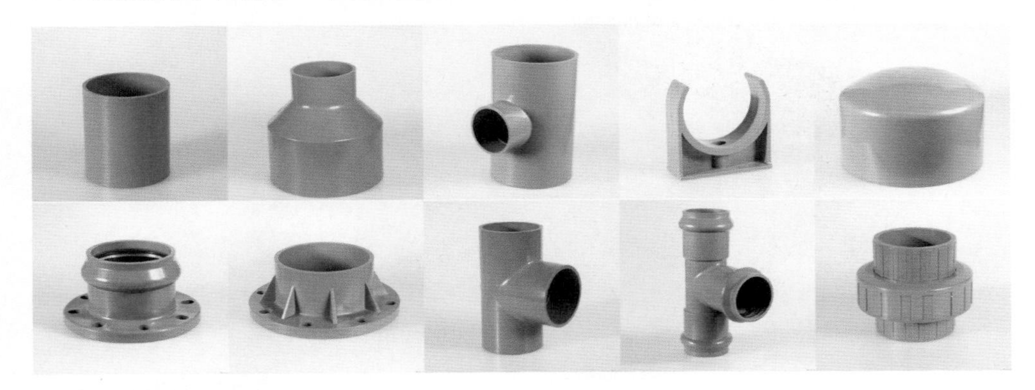

↑ PVC 管配件

PVC 管有各种规格、样式的接头配件，价格相对较高，是一套复杂的产品体系。PVC 管的管件和 PP-R 管的管件类似，配件的尺寸同样要控制好。

1. 正确选购PVC管

（1）看表面色泽。仔细观察PVC管表面的颜色，优质的产品一般为白色，管材的白度高但并不刺眼。至于市场上出现的浅绿色、浅蓝色等有色PVC管多为回收材料制作，强度与韧性均不如白色的好。

（2）测量相关尺寸。仔细测量PVC管的管径与管壁尺寸，并与包装袋上的参数进行对比，看看是否与标称数据一致。

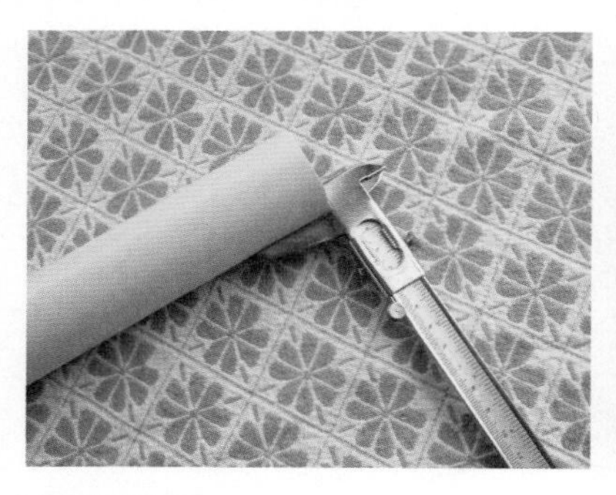

↑测量管径

测量管径时要注意游标卡尺卡扣的松紧度，不要太紧使 PVC 管变形，导致测量错误。

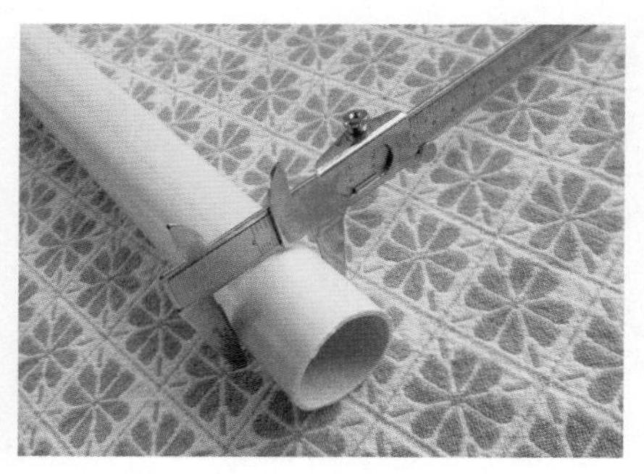

↑测量管壁

测量管壁之前要清楚该 PVC 管的规格，再将测量出的管壁尺寸与之进行对比。

（3）检测硬度。用手挤压PVC管材，优质的产品不会发生任何变形，如果条件允许，还可以用脚踩压，以不开裂、破碎为优质产品。

（4）观察横截面。可以用美工刀削切PVC管的管壁，优质产品的截面质地一般都很均匀，削切过程成中也不会产生任何不均匀的阻力。

↑脚踩

取小段 PVC 管样品，在光线充足的情况下用脚轻轻踩压 PVC 管材，注意控制好下脚的力度，不会轻易开裂的为优质品。

↑美工刀削切

取小段 PVC 管样品，用美工刀横切管材，仔细观察管材的横截面，并感受裁切的难易程度，截面平滑，切割无明显阻力的为优质品。

2. PVC管正确施工步骤

PVC管的应用质量还在于安装施工，一般采用粘接的方式施工，粘接PVC管时，须将插口处倒小圆角，以形成坡度，并保证断口平整且轴线垂直一致，这样才能粘接牢固，避免漏水。

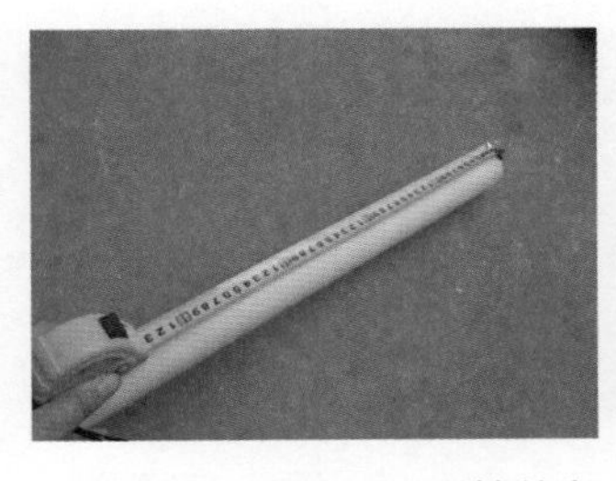

↑使用卷尺测量 PVC 管的各项尺寸

↑使用切割机慢慢切割

↑用砂纸打磨刚刚切割过的 PVC 管

↑蘸取胶粘剂均匀涂刷 PVC 管口

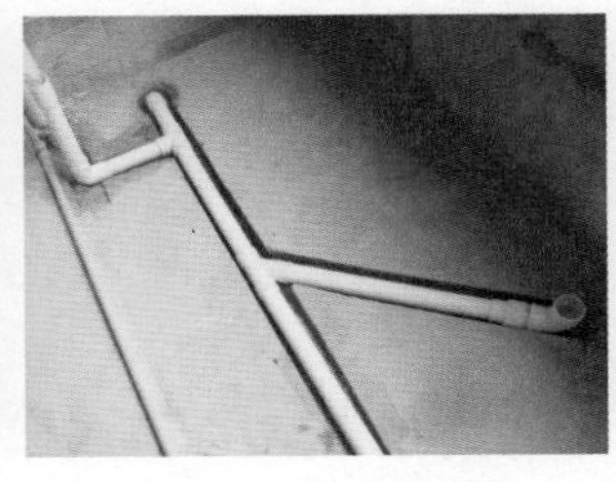

↑ PVC 管安装规范简洁

↑穿过楼板处要安装 PVC 管防火圈

★小贴士

如何更好地避免 PVC 管漏水

1. 选择合适的尺寸

当选购的 PVC 管尺寸小于所需要的尺寸时，间隙会过大，如果仅依靠黏结剂去填补缝隙，会导致 PVC 管粘接不紧密，从而脱节漏水，因此管材、管件规格要统一，以保证 PVC 管获得良好的粘接效果，避免漏水现象发生。

2. 规范堆放

堆放硬 PVC 管必须按技术规程操作，如果堆放不规范或者长期堆放过高，会造成 PVC 管承口部位变成椭圆形，导致连接不紧密或者局部间隙过大，PVC 管粘结后，剪切强度也会有所降低，从而导致硬 PVC 管漏水。

3. 预留合适的固化时间

根据黏结剂的特性及相关规定，安装硬 PVC 管时，要使用黏结剂粘接，粘接后需要预留 48h 来对 PVC 管充分固化养护，等 PVC 管完全固化后再用螺栓固定继续施工。

2.3.3 确保安全的电路材料

电路布设面积较大，电路施工材料要保证使用安全，一旦损坏会造成严重的后果，由于不能随意拆卸埋设在墙体中的管线设备，故而维修起来较为困难。在选购电路线材时要特别注意质量，除了选用正宗品牌的线材外，还要选择优质的辅材，配合精湛的施工工艺，以此保证使用的安全性。

1. 电源线

电源线内部是铜芯，外部包裹PVC绝缘层，需要在施工中组建回路，并穿接专用阻燃的PVC线管，方可入墙埋设。

电源线以卷为计量，每卷线材的长度标准应为100m。电源线的粗细规格一般按铜芯的截面面积进行划分，一般而言，普通照明用线选用1.5mm^2，插座用线选用2.5mm^2，热水器、壁挂空调等大功率电器设备的用线选用4mm^2，中央空调等超大功率电器可选用6mm^{2}以上的电源线。

1.5mm^{2}的电源线价格为100～150元/卷，2.5mm^{2}的电源线价格为200～250元/卷，4mm^{2}的电源线价格为300～350元/卷，6mm^{2}的电源线价格为450～500元/卷。此外，为了方便施工，还有多芯电源线可供选择，其柔软性较好，但同等规格价格要比单芯电源线贵10%左右。

电源线的使用比较灵活，施工员可以根据电路设计与实际需要进行组建回路，虽然需要外套PVC管，但是布设后更安全可靠，是目前中大户型装修的主流电源线。

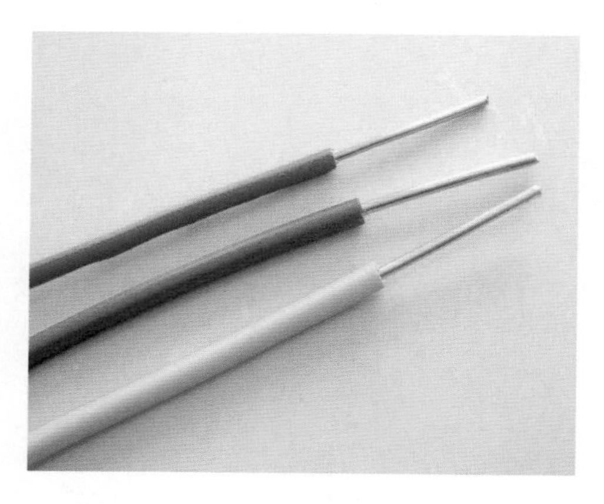

←单股线

为了方便区分，电源线的 PVC 绝缘套有多种色彩，如红、绿、黄、蓝、紫、黑、白与绿黄双色等，在同一装修工程中，选用电线的颜色及用途应该一致。

正确选购电源线的方法如下：

（1）识别印刷信息。无论是哪一种电源线，都应该到正规的商店进行购买，且必须认准国家电工认证标记（长城图案）。

（2）观察铜芯质地。优质铜芯电源线的铜芯应该是紫红色，有光泽，手感软；

伪劣产品的铜芯为紫黑色、偏黄或偏白，杂质较多，机械强度差，韧性不佳，稍用力或多次弯折即会折断，而且电线内常有断线现象。

↑电源线包装

成卷销售的电源线要注意外观包装说明，电源线上印刷的商标、规格、电压等信息都必须齐全，相关的生产说明等也必须经过核验。

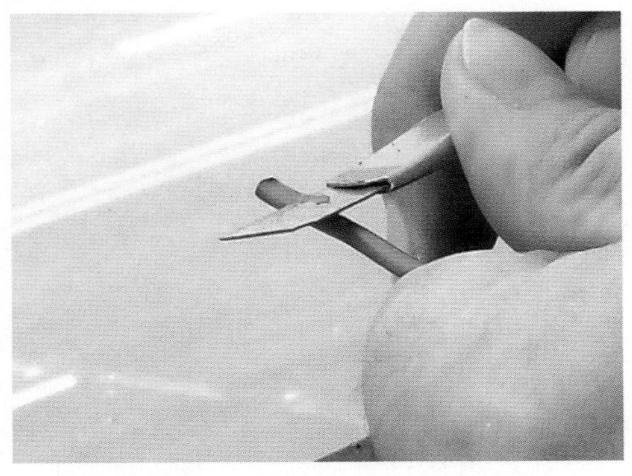

↑使用美工刀削切

可用美工刀将电线一端剥开长约10mm，仔细观察铜芯，刀切开电线绝缘层时应感到阻力均匀。

（3）观察绝缘层质地。优质电源线的绝缘层厚度、硬度比较适中，拉扯后有弹性；伪劣产品的绝缘层看上去似乎很厚实，实际大多采用再生塑料制成，时间一长绝缘层就会老化进而发生漏电。

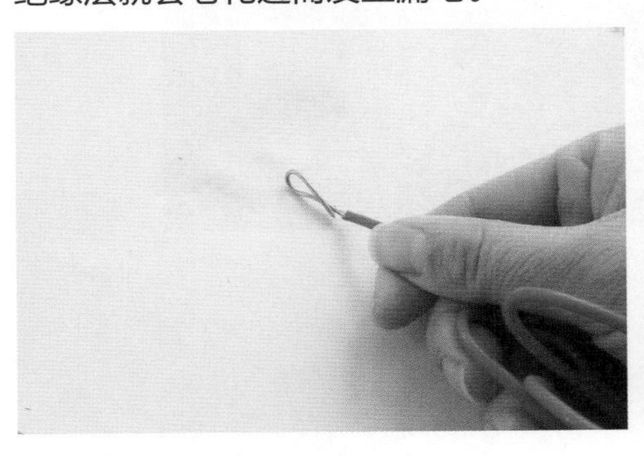

↑检测内部杂质

将铜芯在较厚的白纸上反复磨划，如果白纸上有黑色物质，说明铜芯中的杂质较多。

↑火烧绝缘层

可用打火机燃烧电线绝缘层，优质产品不容易燃烧，离开火焰后会自动熄灭，且无异味。

（4）仔细询问价格。由于假冒伪劣电源线的制作成本低，因此，商家常以低价销售，使业主上当，一些业主为了省钱，忽视安全，专拣那些价格低，质量无保证，事故隐患大的劣质电线。这类电线安全性无法得到保障，再加上伪劣产品的长度严重不足，一般不到90m/卷，虽然以超低价格充斥市场，但是整体核算下来，其价格与正宗产品相差无几。

★小贴士

电源线无污染保养注意事项

1. 电源线在存放过程中要谨防其受潮，受热，受腐蚀或碰伤。

2. 电源线用到一定年限要注意检查，一旦发现任何故障，必须及时更换。

3. 电源线不要超负荷使用，要记得经常检查家中电气和线路的使用情况，及时进行维护和检修。

4. 对于老式建筑的线路，如果发现被水淹没或淋湿，又或者是线路年久失修发生老化的应立即寻求电工帮助，予以抢修。

2. 网线

网线是指计算机连接局域网的数据传输线，从家用路由器到计算机之间的网线一般应小于50m，网线过长会引起网络信号衰减，沿路干扰增加，传输数据容易出错，因而会造成上网卡、网页出错等情况，造成网速变慢的感觉，目前常用的6类网线价格在300～400元/卷。

↑网线

常见的网线主要为双绞线。双绞线采用一对互相绝缘的金属导线互相绞合用以抵御外界电磁波干扰，每根导线在传输中辐射的电波会被另一根线所发出的电波抵消。

↑成品网线与接头

在选购网线时要辨别正确的标识，超5类线的标识为cat5e，带宽155M，是目前的主流产品；6类线的标识为cat6，带宽250M，用于千兆网。

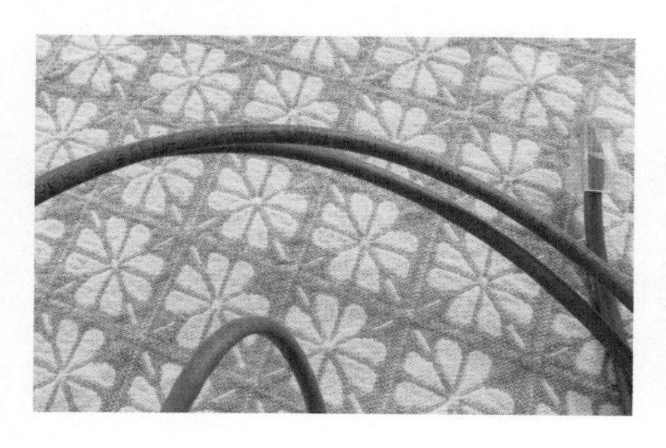

←识别网线

正宗网线在外层表皮上印刷的文字非常清晰、圆滑，基本上没有锯齿状；伪劣产品的印刷质量较差，字体不清晰，或呈严重锯齿状。用手触摸网路线，正宗产品为了适应不同的网络环境需求，都是采用铜材作为导线芯，质地较软，而伪劣产品为了降低成本，在铜材中添加了其他金属元素，导线较硬，不易弯曲，使用时容易产生断线。

3. 穿线管

PVC 穿线管是采用聚氯乙烯制作的硬质管材，它具有优异的电气绝缘性能，且安装方便，适用于装修工程中各种电线的保护套管，使用率达90%以上。

PVC穿线管的规格有ϕ16～ϕ32等多种，内壁厚度一般应不小于1mm，长度为3m或4m。为了在施工中有所区分，PVC 穿线管有红色、蓝色、绿色、黄色、白色等多种颜色，其中ϕ20的中型PVC穿线管的价格为1.5～2元/m。

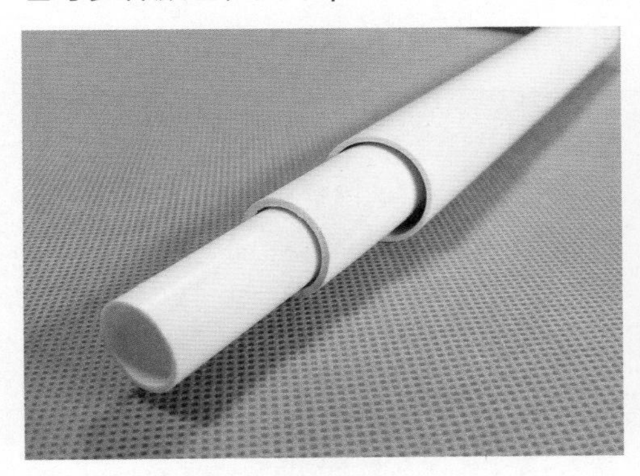

↑ PVC 穿线管

根据装修面积选购。如果装修面积较大，且房间较多，一般在地面上布线，要求选用强度较高的重型穿线管；如果装修面积较小，且房间较少，一般在墙、顶面上布线，选用普通中型穿线管。

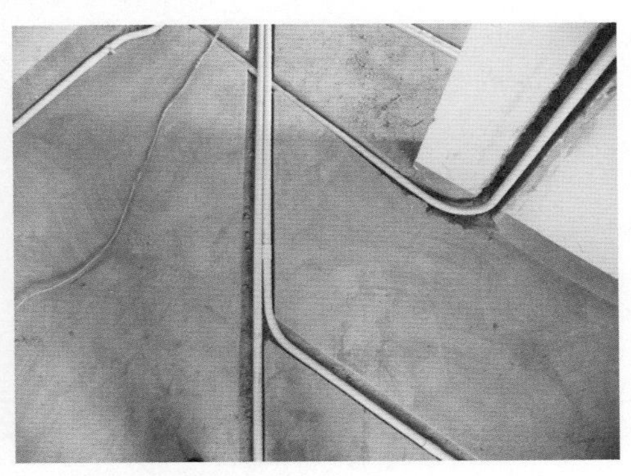

↑ PVC 穿线管布设

根据转角区域选购。在转角处除了采用同等规格与质量的 PVC 波纹穿线管外，还可以选用转角、三通、四通等成品 PVC 管件；在混凝土横梁、立柱处的转角，可以局部采用编织管套，如果穿线管的转角部位很宽松，还可以使用弯管器直接加工，这样能提高施工效率。

↑ 金属穿线管

金属穿线管强度更高，但是施工难度大，一根穿线管内所穿线的截面积之和必须小于该管道内截面的 40%，一般情况下 ϕ16 的穿线管内不宜超过 3 根，ϕ20 的穿线管内不宜超过 4 根。

↑ PVC 波纹穿线管

为了配合转角处施工，还有 PVC 波纹穿线管等配套产品，价格低廉，一般为 0.5 ～ 1 元 /m。

4. 接线暗盒

接线暗盒是采用PVC或金属制作的电路连接盒，主要起连接电线，过渡各种电器线路，保护线路安全的作用，同时也是电路铺设必不可少的材料。

接线暗盒最常用的是86型暗盒，尺寸约80mm × 80mm，面板尺寸约86mm × 86mm，是使用最多的一种接线暗盒，可广泛应用于装修中，常用的86型PVC接线暗盒价格为1～2元/个，具体价格根据质量而有所不同。86型面板分为单盒与多联盒，其中多联盒是由2个及2个以上的单盒组合。

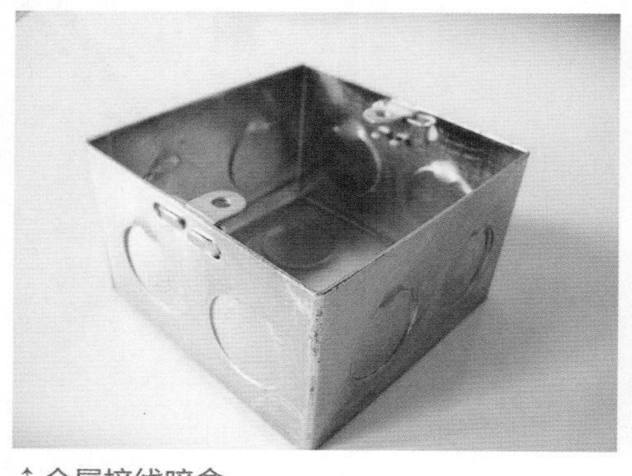

↑金属接线暗盒

金属材质接线暗盒主要用于混凝土或承重墙中，其防火、抗压性能良好。

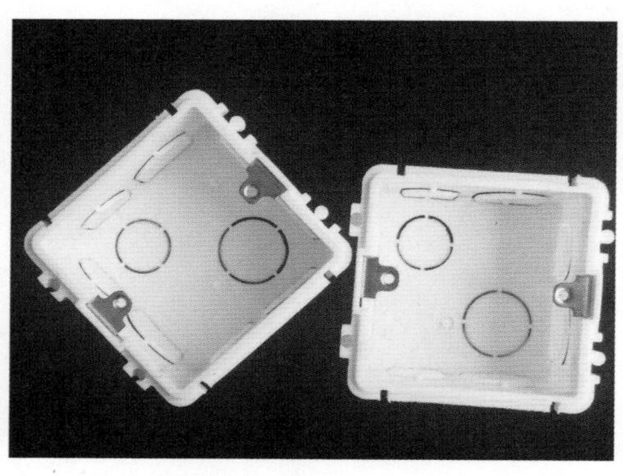

↑ PVC 接线暗盒

PVC 材质的接线暗盒其绝缘性能更好，使用面更广。

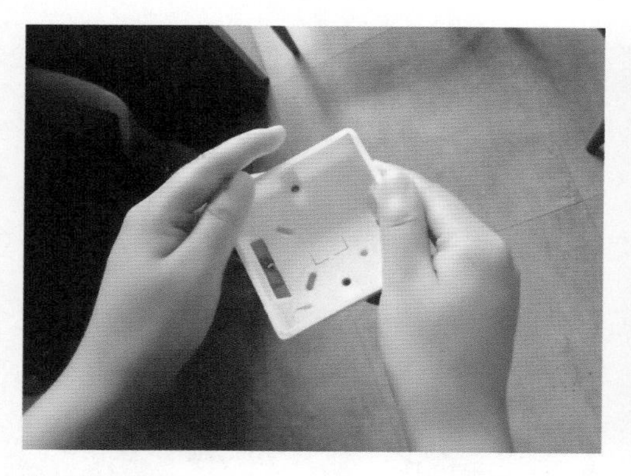

↑检测韧性

将接线线盒往不同方向使用不同力度拉扯，感受阻力，仔细观察表面是否变形。

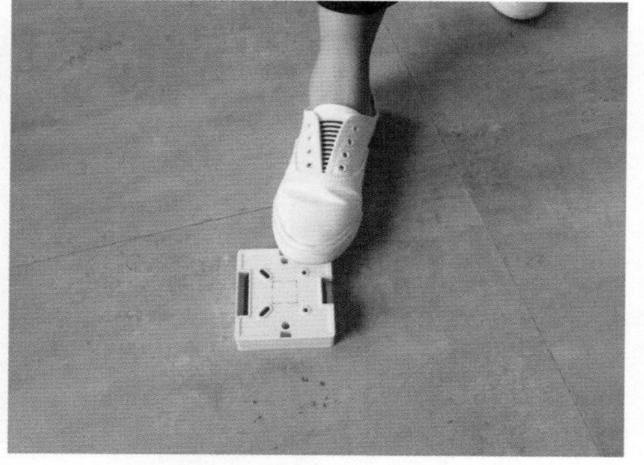

↑检测抗击打性

将接线线盒用脚踩压，不会轻易变形或断裂的为优质品。

识别接线暗盒质量的优劣主要观察其颜色，一般褐色、黑色、灰色产品多为返炼胶制作，且暗盒表面有不规则的花纹，表示其材料中含杂质较多，遇到明火立即软化，甚至自燃。即使是没有发生燃烧，在日常生活中也会污染室内空气。

5. 开关插座面板

普通开关插座的使用最多，主要可分为常规开关、常规插座、开关插座组合等多种形式。在现代装修中多采用暗盒安装，86型是一种国际标准，即面板尺寸约86mm×86mm，一般国际品牌大厂的面板多为86型。

↑开关面板内部构造

普通开关插座背后都有接线端子，常见的有传统的螺钉端子与速接端子两种，后者的使用更为可靠，且接线非常简单快速，即使非专业的业主也能自己安装，只要将电线简单地插入端子孔，连接即告完成，且不会脱落，现在多数产品均为速接端子。

↑大翘板开关面板

大翘板开关面板，其翘板面积占据整个面板，开关力度很轻、很舒适。

部分开关带有夜光功能，这样在晚上也能方便地找到开关的位置，发光方式主要有荧光粉与电源两种类型，前者价格较低，但是荧光粉在外界光源消失后，能量将很快耗尽，无法长久地起到荧光作用，而电源发光则可以长期点亮。86型单联单控开关与3孔插座价格均为10～15元/个。

↑五孔插座面板

我国国家标准规定的插头型式为扁形，有两极（2孔）插头与两极带接地（3孔）插头两种，2孔插座大多都有圆头，而3孔插座也有扁形与圆形两种。

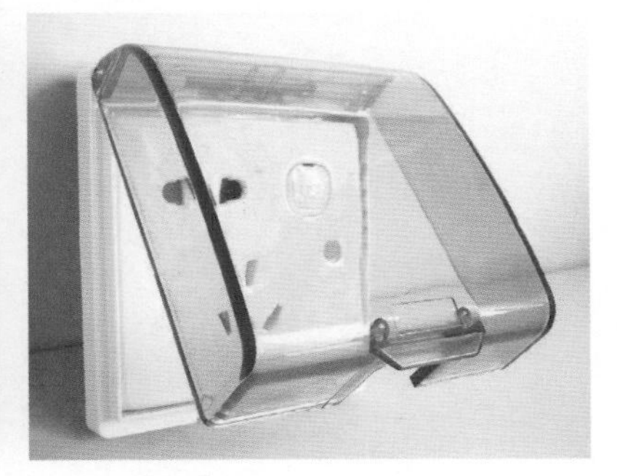

↑插座防水盖板

在厨房、卫生间、淋浴间等空间还应该选用带有防水盖板的插座，或在墙面已有的插座上加装防水盖板，在容易溅到水的地方，如厨房水盆上方，或卫生间，需要安装此面板，以利安全。

开关插座面板的品种繁多，选购时需要注意识别产品质量。

（1）观察外观。优质开关插座的面板多采用高档塑料，表面看起来材质均匀，光洁且有质感。

↑观看表面

面板的材料主要有 PC（防弹胶）与 ABS（工程塑料）两种，PC 材料的颜色为象白牙，ABS 材料的颜色为苍白；劣质产品多采用普通塑料，颜色较灰暗，低档产品多以 ABS 材料居多，而中高档的产品基本上都采用 PC 材料。

↑仔细观看面板的背部与内部

面板背部的功能件上应该铸有产品电气性能参数。正规厂家生产的产品上都标明有额定电压和电流、电源性质符号、生产厂名、商标与 3C 标志，带接地极的插座要有接地符号。

（2）观察金属材料。开关插座面板中的金属材料主要为铜质插片与接线端子，优质产品的铜材应该为紫铜，颜色偏红，质地厚重；劣质产品多采用黄铜，偏黄色，质地软且易氧化变色。

伪劣开关插座面板中多采用镀铜铁片，鉴别是否为镀铜铁片的原理很简单，能被磁铁吸住的就是铁片，采用镀铜铁片的产品极易生锈变黑，具有安全隐患。

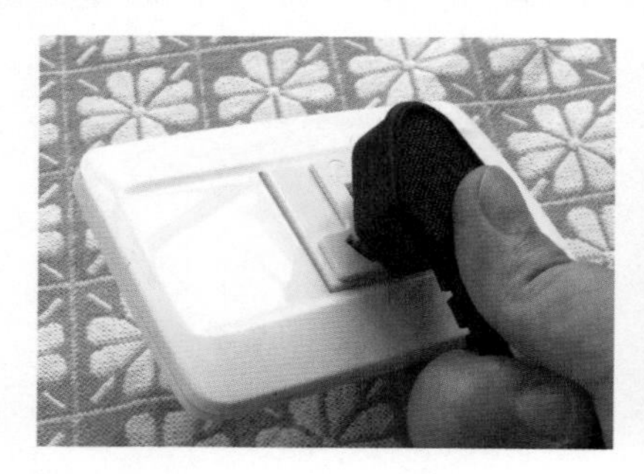

↑插入插头

感受插头和插座的连接度，以及拔出插头时的难易程度。

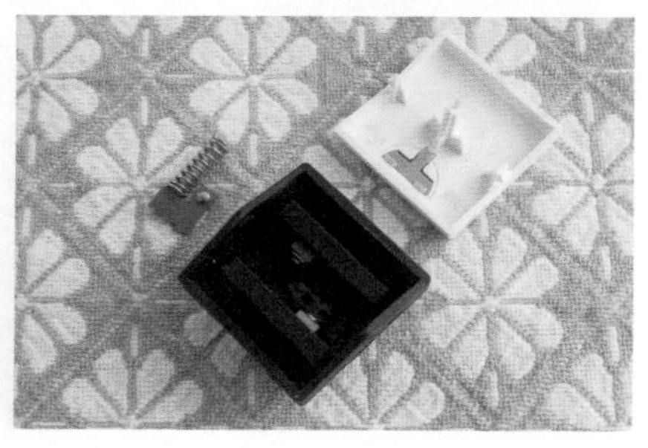

↑观察触点

仔细观察背部触点，查看其是否平齐，且没有错位，并检查弹簧。开关插座面板的质量核心在于开关触点，即导电片，通常应该采用银铜复合材料制作，这样可以防止启闭时引起氧化。

6. 电路布线安装正确施工步骤

在装修电路施工中，穿线管尽量不要破坏暗盒的结构，否则容易导致预埋时盒体变形，对面板的安装造成不良的影响，同时，在穿管、穿线的施工中应该注意暗盒的预留孔是否对电线造成损伤。

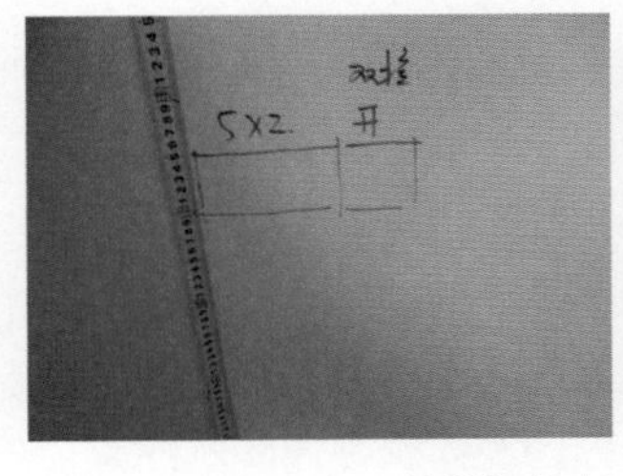

↑精确测量尺寸，并做好相关记录

↑开凿线槽

↑用弯管弹簧将穿线管整弯

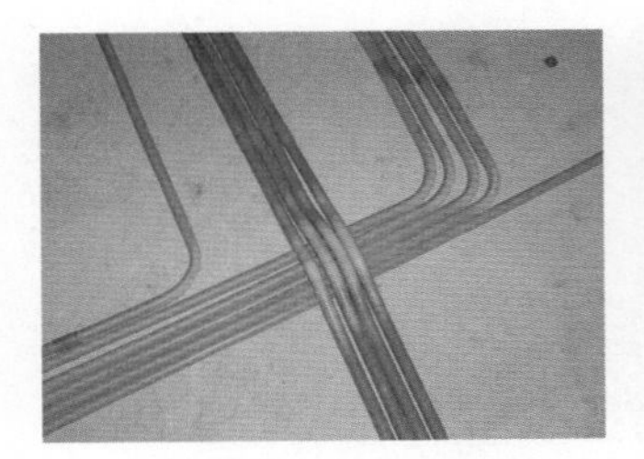

↑严格布管

↑安装暗盒并穿线并填补水泥

↑固定穿线管

↑修剪电线端头

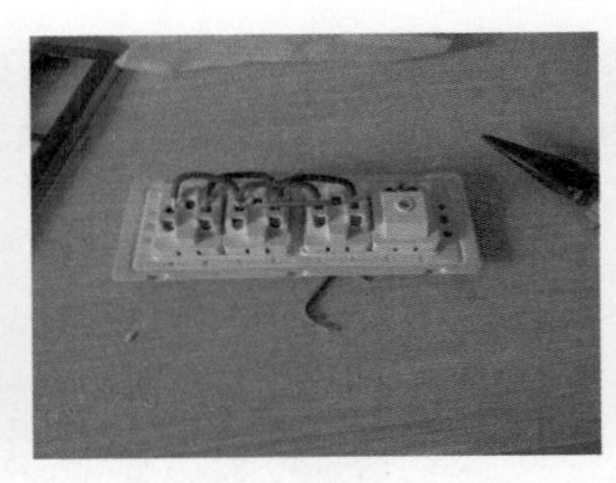

↑连接开关插座面板背后电线

↑盖上面板并通电测试

★小贴士

电路安装避免发热

在安装电路时，不能将过多电线穿入同一根穿线管中，一根穿线管内部只能存在一个回路，即包含一根相线、一根中性线、一根接地线，如果有其他回路应当另用一根穿线管，否则用电高峰期会导致电线发热，造成线路老化，散发出刺鼻气味，污染室内环境。

2.4 防水涂料中存在的污染隐患

防水涂料特别适宜在立面、阴阳角、穿结构层管道、凸起物、狭窄场所等细部构造处进行防水施工，能在这些复杂部件表面形成完整的防水膜。

防水涂料是指涂刷在装修构造或建筑表面，与空气接触后反应形成一层薄膜，使被涂装表面与水隔绝，从而起到防水、密封的作用，其涂刷的黏稠液体统称为防水涂料。防水涂料施工属冷作业，操作简便，劳动强度低，经固化后形成的防水薄膜具有一定的延伸性、弹塑性、抗裂性、抗渗性及耐候性，能起到防水、防渗以及保护作用。

2.4.1 防水涂料品种繁多

1. 溶剂型防水涂料

溶剂型防水涂料的主要成膜物质是高分子材料，溶解于有机溶剂中成为溶液，涂料通过溶剂挥发，经过高分子物质分子链接触、搭接等过程而结膜。

2. 水乳型防水涂料

水乳型防水涂料的主要成膜物质是高分子材料与微小颗粒稳定悬浮在水中。涂料干燥较慢，一次成膜的致密性较溶剂型涂料低，一般不宜在温度5℃以下施工。

↑溶剂型防水涂料

溶剂型防水涂料干燥快，结膜较薄且致密，生产工艺简易，稳定性较好，但是易燃、易爆、有毒。

↑水乳型防水涂料

水乳型防水涂料通过水分蒸发，经过固体微粒接近、接触、变形等过程而结膜，无毒，不燃，生产、储运、使用比较安全，操作简便，不污染环境。

3. 反应型防水涂料

反应型防水涂料的主要成膜物质是高分子材料，以液态形式存在。涂料通过液态的高分子预聚物与相应物质发生化学反应，变成结膜，无收缩，涂膜致密，价格较贵。

4. 硅橡胶防水涂料

硅橡胶防水涂料具有较好的渗透性、成膜性、耐水性、弹性、粘接性、耐高低温等性能，并可在干燥或潮湿而无明水的基层进行施工作业。硅橡胶防水涂料以水为分散介质，在生产与施工时无刺激性异味、无毒，不污染环境，安全可靠。可在常温条件进行涂布施工，并容易形成连续、弹性、无缝、整体的涂膜防水层。

硅橡胶防水涂料涂膜的拉伸强度较高、断裂延伸率较大，对基层伸缩或开裂变形的适应性较强，且耐候性好，使用寿命较长。硅橡胶防水涂料是目前装修防水中最普遍最环保的防水涂料。

硅橡胶防水涂料的主要缺点是固体分比反应固化型涂料低，若要达到与其相同的涂膜厚度时，不但涂刷施工的遍数多，而且单位面积的涂料用量也多，施工成本较高。

在挑选防水涂料时要注意优质的防水涂料外部包装颜色鲜明、字迹清晰不模糊，且规范标出生产日期、使用年限、名称以及产地等。

↑反应型防水涂料

反应型防水涂料的弹塑性和抗裂性都很不错，同时对于温度变化的适应度也很强。

↑硅橡胶防水涂料

硅橡胶防水涂料是以硅橡胶乳液和其他高分子聚合物乳液的复合物为主要原料，掺入适量的化学助剂和填充剂等，均匀混合配制而成的乳液型防水涂料。

2.4.2　防水涂料的危害

防水涂料是现在装修中不可缺少的一种装修用料，使用面积不是很大防水涂料主要是对厨房、卫生间等经常性存在水环境的使用场所进行防水处理。

并且在做完防水处理之后还会在上面涂水泥以及贴瓷砖，所以有些房屋业主就会认为防水涂料没什么危害，就算有危害经过这么多层的覆盖也因该没有什么太大问题了，其实不然。

防水涂料只能用来涂刷地面、墙面等建筑界面，不能用来辅助密封管道接口，否则一旦管道有泄漏，防水涂料会渗透到管道中，对生活用水造成污染。

↑卫生间防水涂料

卫生间墙面防水处理大约要做 300mm 高，以防积水渗透墙面出现返潮，如果卫生间有淋浴房应将防水做到 1800mm，如果有浴缸，与浴缸相邻的墙面防水高度应比浴缸高出 300mm.

↑闭水试验

闭水试验也叫蓄水试验，要放满水，水要有足够容积。蓄水试验的蓄水深度应不小于 200mm，蓄水时间不得低于 24 小时，移步楼下，观察楼下楼顶有无漏水现象，无漏水现象视为合格。

相对来说污染比较严重的是一些含焦油的防水涂料，它们一般是由煤焦油或含有部分煤焦油的原材料制成，挥发出来的焦油具有刺鼻的气味，同时由于焦油气的相对分子质量比较大，容易在空气不流通的室内环境中沉积，短时间内过多地吸入焦油气能够导致快速中毒死亡。

这类防水涂料的另一个缺陷是采用有机溶剂为稀释剂，有机溶剂多为甲苯、二甲苯等有毒物质，由于防水涂膜表面致密，溶剂需要很长时间才能挥发完毕。装修工程结束以后，污染物质会在一定时间内释放，长时间小剂量吸入焦油气和苯会引起呼吸道疾病及头晕、恶心，甚至引发癌症等。

2.4.3　正确选购防水涂料

防水涂料有危害当然指的也并不是所有防水涂料都有危害，有危害的仅是一小部分，如果消费者在挑选防水涂料之前做好功课，挑选防水涂料时认真仔细，那么完全可以不用胆怯，下面就将向读者讲讲如何挑选安全环保的防水涂料。

1. 闻气味

因为煤焦油具有强烈的刺鼻气味，所以气味大的防水涂料毒性会较强。使用之后会长期挥发苯并芘等致癌物，所以气味大的防水涂料一定不能用在室内。

2. 看品牌

选择防水涂料时要尽量选择知名品牌。防水涂料是否有毒害，要看原材料有没有添加一些有毒成分。防水涂料中的几种主要成分有水、颜料、填充剂和各种助剂，这些材料一般来说对人体不会造成伤害。

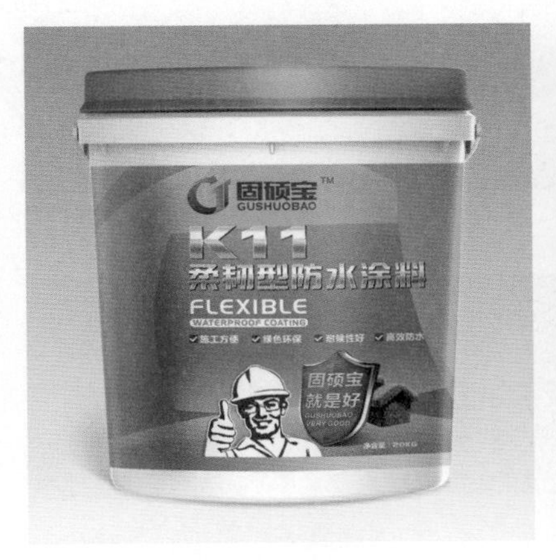

↑正规厂家生产的防水涂料

正规厂家生产的防水涂料上生产地址、生产厂家、生产日期等都标配齐全，且有据可查，购买放心、使用安心。

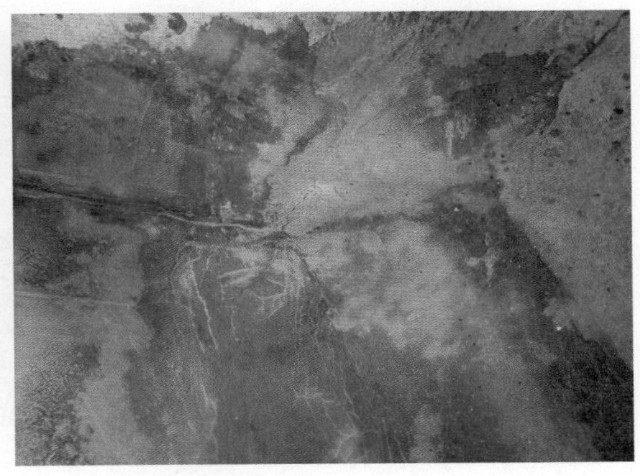

↑小作坊生产的防水涂料

小作坊生产的防水涂料无生产日期、无质量合格证及无生产厂家，涂刷之后容易开裂、鼓包、脱落，不敢轻易购买和使用。

3. 不贪小便宜，在正规渠道选购

便宜的东西自然有它便宜的原因，贵的东西自然有贵的道理，因此在防水涂料的选择上也不能因为贪图小便宜而去选择一些杂七杂八的防水涂料。身体健康是最重要的，所以在选择防水涂料时要选择价格靠谱、渠道正规的防水涂料。

2.4.4 防水涂料正确施工步骤

1. 聚合物防水涂料施工步骤

下面介绍聚合物防水涂料的施工步骤，这是目前最流行的一种无污染防水涂料，施工操作最简单，是当今运用最广泛的一种施工方法，材料拌合、涂刷手法都能即学即会。很多业主自己都能操作，但是技术要领也很多，其中核心就在于均匀且充分地搅拌与平顺的滚涂技法。

↑将粉料与液料分别倒入桶中

↑均匀搅拌并静置 20min

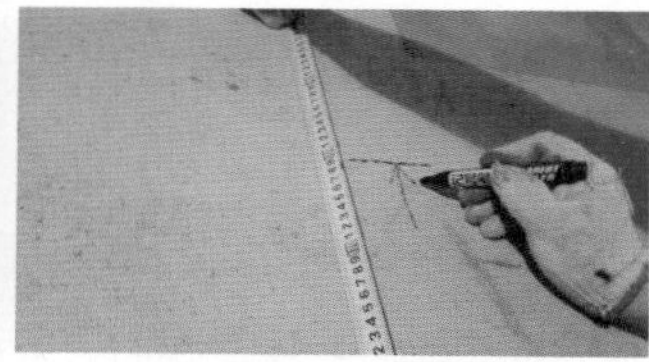

↑在墙面标记防水涂刷范围

↑整体墙地面淋水浸湿

↑竖向滚涂防水涂料

↑横向滚涂防水涂料

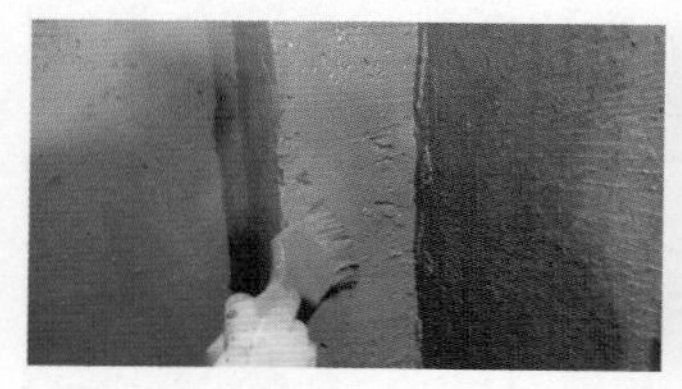

↑刷涂边角部位

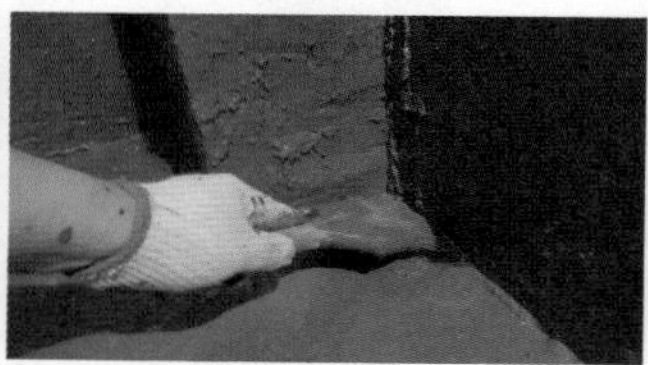

↑仔细刷涂墙地面转角部位

↑用堵漏王粉浆填补管道外口边缘

↑地面泼洒后滚涂

↑一直滚涂至防水空间以外 300mm

↑整体修补后试水

聚合物防水涂料全面涂刷要达到三遍，最后一遍完成后待完全干燥三天以后再试水检测，试水检测时间要达到三天，到楼下观察是否有漏水渗水现象。当一切都完好无漏再进行后续铺贴瓷砖等施工。

2. 防水剂施工步骤

防水剂相对于之前防水涂料施工而言，比较简单易懂，材料与工具能随时随地购买，适用于非专业人员解决日常生活中的各种防水问题。适用于已经铺贴了瓷砖的墙地面，只要按照施工的工序一步步来就没有什么问题。

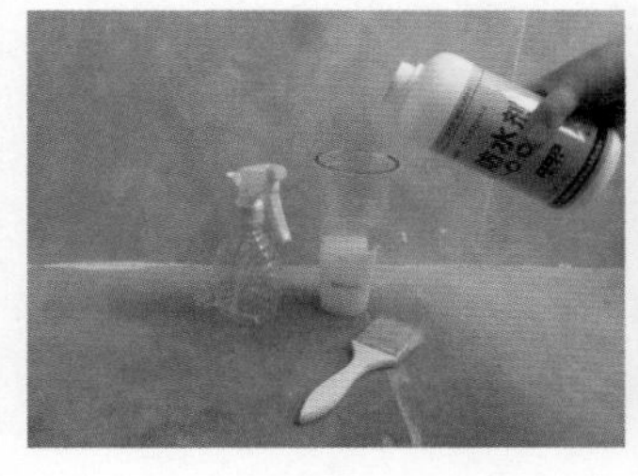

↑将防水剂包装打开倒入容器中

↑均匀搅拌并静置 20min

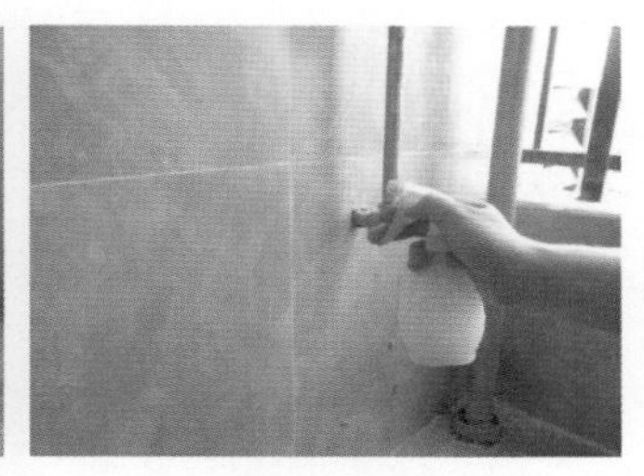

↑注入喷壶对墙面进行喷洒

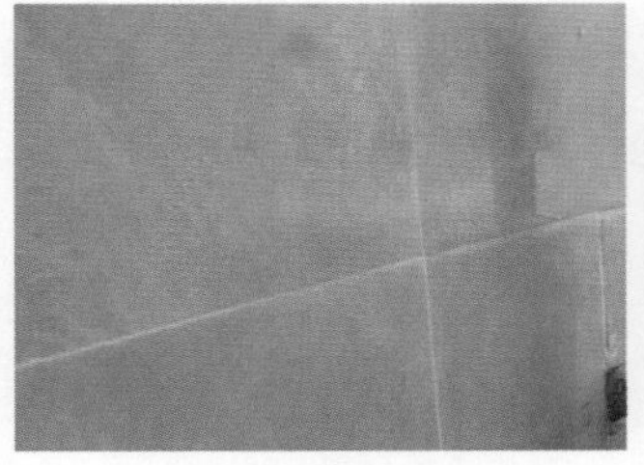

↑墙面聚集水珠即可

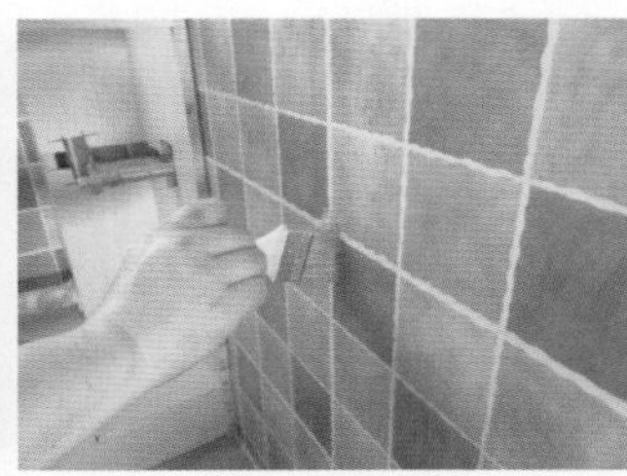

↑对于凸凹不平的墙面刷涂

↑对墙地面转角处强化喷洒

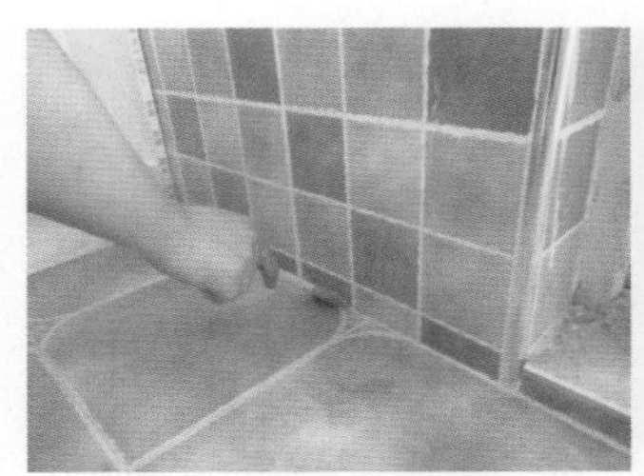

↑再次刷涂墙地面转角处

↑再次均匀刷涂瓷砖缝隙处

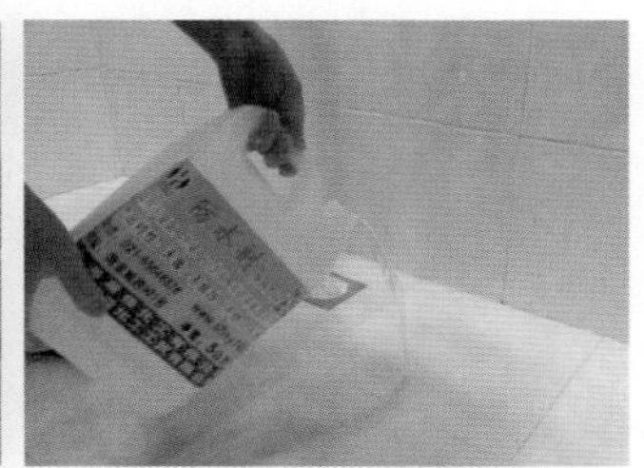

↑淋浴区地面可直接倒入浸泡

防水剂防水涂料是目前最环保、最无害的防水材料，适用于装修结束后强化防水层，与基础防水层起到双重保护作用。

2.5 装修革新的新材料：固化剂

室内装修的水泥地面找平层并不坚实，存在跑沙现象，固化剂采用高分子聚合物并经过多道工序复合而成，高分子聚合物能渗透水泥地面，牢牢封锁水泥墙、地面的松散颗粒，使地面形成紧密一体，便于装饰材料与墙、地面的密切结合，有效防止地砖的空鼓和地面跑沙现象。

2.5.1 地面固化剂

地面固化剂是一种专门作用于水泥地面上的涂料。地面固化剂耐水防潮，可以避免木地板受潮气侵蚀而产生变形。地面固化剂产品有多种颜色，主要以绿色、蓝色、红色为主，涂刷在地面上具有颜色鲜艳、色彩分布均匀、遮盖力强等特点，干燥后不掉粉，不掉色，可随意清扫。

地面固化剂适用于装修初期水泥地面的硬化处理，可有效避免在后续施工过程中水泥地面的灰尘颗粒附着在工作面上，从而提高批刮泥子及涂刷乳胶漆质量。地固耐水防潮，能避免日后从地板缝隙中“扑灰”，可用于石膏找平和地面的固化，用量比水泥地面略大。

↑地面固化剂涂料

地面固化剂由基料、填料及助剂复配而成，基料为高分子胶粘剂、着色粒子，填料为聚合物微粉，助剂为润湿分散剂、流平剂等。

↑彩色地面固化剂涂料

地面固化剂和墙面固化剂一样具有丰富的色彩，可以有效增强空间内容感。

2.5.2　墙面固化剂

墙面固化剂具有优异的渗透性，能充分浸润墙体基层材料表面，通过胶粘剂使基层密实，提高界面附着力，提高灰浆或泥子和墙体表面的黏结强度，能够有效防止空鼓，适用于砖混墙面抹灰或批刮泥子前基层的密实处理。

墙面固化剂附着力强，墙面固化剂涂料可以改善光滑基层的附着力，是传统建筑界面剂的更新换代产品，也适用于墙纸墙布粘贴。

此外，还具有优异的渗透性，能充分浸润基材表面，使基层密实，提高光滑界面的附着力。

↑墙面固化剂涂料

使用墙面固化剂前要将基层表面处理干净，确保基层表面坚实、无浮灰和油渍等污渍。

↑黄色墙面固化剂涂料

墙面固化剂同样拥有多种色彩可选，使用时要注意涂刷均匀，以便后期涂刷乳胶漆。

←墙面铺贴墙纸

墙面固化剂也适用于墙布和壁纸的黏结。由于涂布方便，胶膜薄，初粘性适宜，特别适宜墙布和壁纸的黏结平整，不易产生死褶和鼓包。

2.5.3 使用固化剂注意事项

聚氨酯固化剂分为单组分聚氨酯固化剂和双组分聚氨酯固化剂。单组分聚氨酯固化剂只有一个包装容器，打开即可直接使用，简单快捷，但是质量一般，使用性能一般，适用于小面积修补或临时使用。双组分聚氨酯固化剂是指在运输包装时，固化剂的被分为两个包装，在使用时将两者进行混合，这样能发挥材料的最大特性，施工时能保证稳定的质量。

1. 用法用量

待固化剂涂抹干透或“造毛”养护干燥后即可开始抹灰或批刮泥子，用1：1水泥砂浆加入水泥胶浆，将其抹在瓷砖背面找平压实，砂浆自上而下进行，并随时用靠尺检查平整度。粘接墙布和壁纸时如觉黏度高可加少量水稀释，用墙固“造毛”不得加水使用。理论上，1kg墙固可涂布10m^{2}墙面一遍，实际用量由施工中多种因素影响而定。

2. 储存和运输

墙面固化剂储存在5～40℃阴凉通风处，严禁曝晒和受冻，保质期12个月，产品无毒不燃，储存运输可按《非危险品运输规定》办理。

3. 施工环境

施工温度在5℃以上，未用完的墙面固化剂涂料要注意密封。

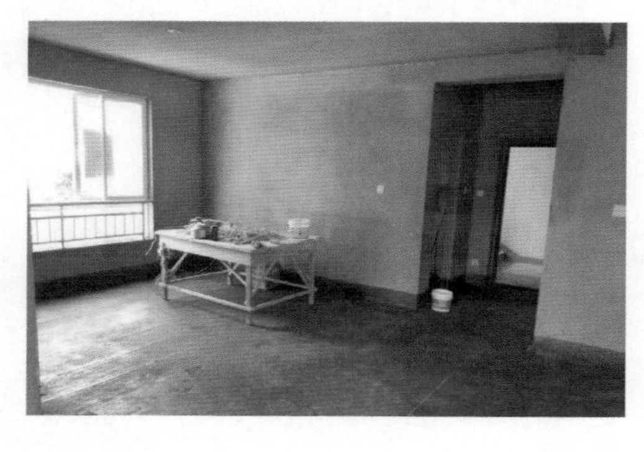

←墙面固化剂涂刷

地固剂混合时会有小气泡产生，可用商家的样品进行混合，气泡均匀，经搅拌后可沉静的为优质地固。

2.5.4 隐藏于固化剂中的危险

单组分聚氨酯固化剂主要有氨酯油、潮气固化聚氨酯、封闭型聚氨酯等品种，应用面不如双组分聚氨酯固化剂广，总体性能不如双组分聚氨酯固化剂全面。

同防水材料一样，不少人认为固化剂的好坏与室内空气污染没有太大关系，因为在地固施工之后上面还会铺贴地砖或地板，因此许多人对于固化剂的挑选并不上心。其实不然，这种含有氨气的固化剂在被使用之后会随着湿度等环境因素的变化而产生氨气，从地面缓慢地释放出来，造成室内空气中氨的浓度大大增加。

夏季气温较高时，氨气从地面固化剂中释放的速度会较快，可能会造成室内空气中氨的浓度严重超标。

2.5.5 正确选购固化剂

1. 查看品牌

选择好评度比较高的品牌，售后服务也会相对较好，产品的质量也会有所保障。

2. 查看储存环境

固化剂是不可以和其他制剂混合使用的，储存需要分号存放，且要处于一个阴凉的环境下。

3. 查看色泽

固化剂拥有多种颜色，查看各颜色是否纯正，是否有掺杂其他色彩等。

4. 查看环保指数

优质固化剂应该具备良好的环保性，可以查看产品表面的参数，确保所选产品为环保、绿色产品。

←固化剂混合

观察木芯板周边有无补胶、补泥子的现象，胶水与泥子都是用来遮掩残缺部位或虫眼的。

2.5.6 地面固化剂正确施工步骤

一般底层室内空间为了防潮，应当进行地面固化剂涂刷，高层建筑根据实际情况和需要来进行涂刷，建筑外墙的内侧墙面和卫生间外部室内墙面涂刷墙面固化剂，下面介绍地面固化剂的施工方法。

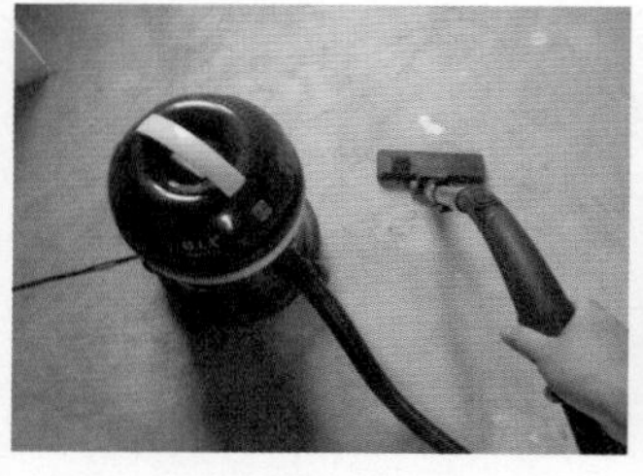
↑用吸尘器清理地面灰尘和杂物

↑地面洒水浸湿

↑打开包装将粉料和液料混合

↑均匀搅拌并静置 20min

↑用滚筒充分浸入

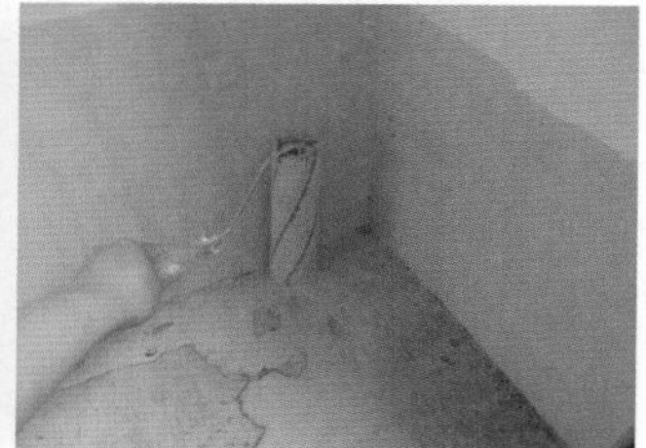
↑先涂刷墙角后涂刷地面

↑地面涂刷 2 遍

↑等待完全干燥

↑最后涂刷 901 无醛胶水进行封闭

最后涂刷901无醛胶水封闭地面固化剂能有效封闭固化剂中的有害物质，避免向室内渗透污染环境。

◎本章小结

劣质的涂料、外加剂都含有有害物质，这些有害物质包括甲醛、二氯甲烷、氯仿、苯、甲苯等。涂料、外加剂等这些产品毕竟是由化学物质制作的，因此，人的皮肤是不能与它们长时间接触的。当然这些加了有害物质的涂料、外加剂，只要它们在一定量内使用是没有关系的，只要以后注意通风，过3个月再入住就可以了，一般来说也是不会给身体造成太大的伤害。

第3章

各种板材用心选

识读难度： ★★★☆☆

核心概念： 种类、品牌、原料

章节导读： 装修中的家具主要使用木材，木材是装饰材料中使用最为频繁的材料，由于各种木质与板材的品类繁多，特性和需要注意的事项也各有不同，为了保证设计效果与装修品质，在选购时需要掌握大量经验，还需要了解清楚各种板材的特性与价格，这样才能在选购板材时心中有数，选购到合适的板材。

3.1 无所不能的木芯板

木芯板又被称为细木工板，俗称大芯板，是由两片单板中间胶压拼接木板而成，中间的木板是由优质天然木料经热处理（烘干室烘干）之后，加工成一定规格的木条，由机械拼接而成。

木材是家具板材使用最为频繁的材料，工厂将各种原木加工成不同规格的型材，便于运输、设计、加工、保养等，在正式选购之前，一定要对所选板材有所了解。木芯板具有质轻、易加工、握钉力好、不易变形等优点，是装修与家具制作的理想材料。

↑木芯板

木芯板取代了传统装饰装修中对原木的加工，使装饰装修的工作效率大幅度提高。

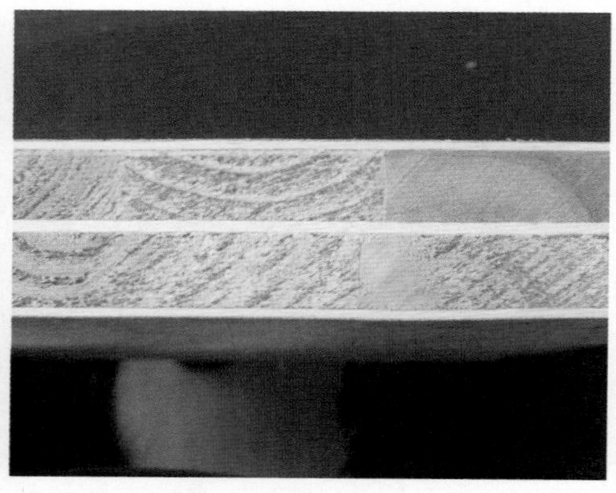

↑木芯板截面

木芯板截面纹理清晰，可以很清楚地看出其制作工艺，通过截面的平整度和纹理也可以判断木芯板的优劣。

3.1.1 木芯板材质的种类

木芯板的材种有许多种，如杨木、桦木、松木、泡桐木等，其中以杨木、桦木为最好。木芯板的加工工艺分为机械拼接与手工拼接两种，手工拼接是用人工将木条镶入夹板中，木条受到的挤压力较小，拼接不均匀，缝隙大，握钉力差，不能锯切加工，只适宜做部分装修的子项目，例如，用作实木地板的垫层毛板等；而机械拼接的板材受到的挤压力较大，缝隙极小，拼接平整，承重力均匀，长期使用，结构紧凑且不易变形。

↑ 桦木

桦木质地密实，木质不软不硬，握钉力强，不易变形，很适合制作家具。

↑ 泡桐木

泡桐木的质地轻软，吸收水分大，握钉力差，不易烘干，易干裂变形。

3.1.2　木芯板的规格与价格

木芯板的常见规格为2440mm × 1220mm，厚度有15mm与18mm两种，其中15mm厚的木芯板市场价格在120元/张左右，主要用于制作小型家具，如电视柜、床头柜及其他装饰构造，18mm厚的板材在160～200元/张，主要用于制作大型家具，如衣柜、储藏柜等。

3.1.3　正确选购木芯板

1. 看等级

一般木芯板按品质分可以分为三个等级，直接做饰面板的，应该使用一等板，只用作底板的可以用三等板，一般应该挑选表面干燥、平整，节子、夹皮少的板材。

2. 看外观

木芯板一面必须是一整张木板，另一面只允许有一道拼缝，另外，木芯板的表面必须光洁。

←泥子遮盖

胶合板通常都做成 3 层、5 层、7 层、9 层、11 层等奇数层数，因为板材要保证最中间的应该是板，而不是接缝，否则弯曲后容易开裂。胶合板表层单板称为表板，里层的单板称为芯板，正面的表板叫作面板，背面的表板叫背板。

3. 看侧面或剖面

可以从侧面或锯开后的剖面检查木芯板的薄木质量和密实度，密实度小的会使板材整体承重力减弱，长期的受力不均匀也会使板材结构发生扭曲、变形，影响外观及使用效果。

4. 检查是否配有合格证

在大批量购买木芯板时，应该检查产品是否配有检测报告及质量检验合格证等相关质量文件。

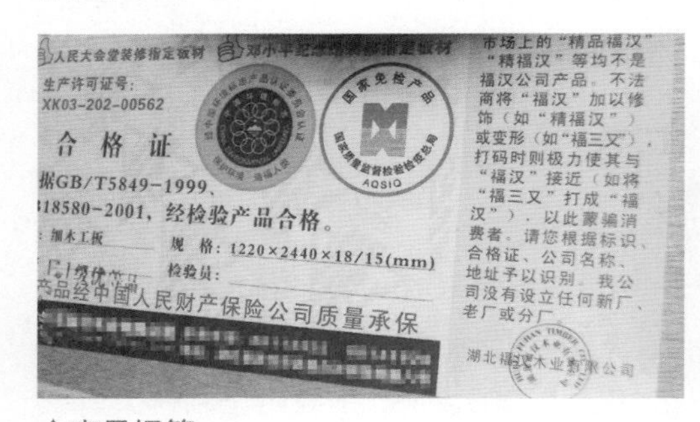

↑产品标签

知名品牌会在板材侧面标签上设置防伪检验电话，以供消费者拨打电话进行验证。

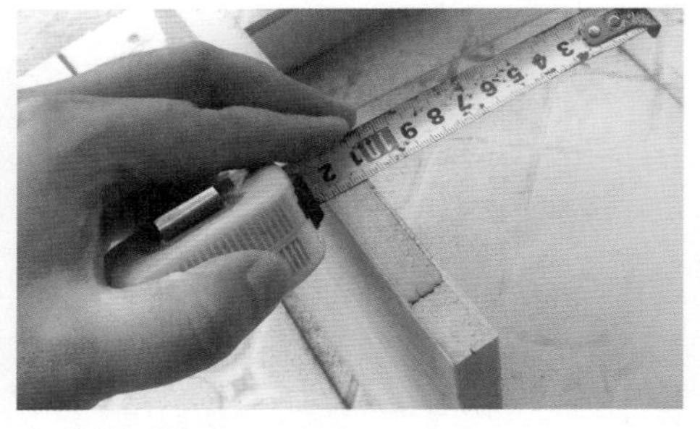

↑木芯板截面

用尺测量侧边厚度，优质板材应当均匀，无变形，如果板材内芯木料的拼接处有明显缝隙，则说明制作工艺不良，甲醛含量高，容易释放，后期不好做甲醛清除或封闭处理，还是不要购买。

5. 闻一闻

将木芯板拦腰锯开，将鼻子贴近木芯板锯开的截面处，仔细闻一闻是否有强烈的刺激性气味。

6. 抖一抖

将木芯板用双手抬起，上下抖动或左右摇动，仔细辨听是否有木料在内晃动的声音，如果有则说明木板内部缝隙较多、孔洞较大、质量很差。优质的细木工板是不会发出这类晃动的声音的，因为优质的细木工板是整体的、厚重的。

3.2 美丽光洁的生态板

生态板是将带有不同颜色或纹理的纸放入三聚氰胺树脂胶粘剂中浸泡，然后干燥到一定固化程度，将其铺装在木芯板、指接板、胶合板、刨花板、中密度纤维板等板面，经热压而成且具有一定防火性能的装饰板。

生态板一般是由数层纸张组合而成，数量多少根据用途而定，生态板能使家具外表坚韧，制作的家具不必上漆，表面自然形成保护膜，耐磨、耐划痕、耐酸碱、耐烫、耐污染，表面平滑光洁，容易维护清洗。

↑生态板

生态板有相当高的环保系数，目前使用频率较高，不同级别的生态板价格有所不同。

↑衣帽间的生态板

生态板色彩丰富，选择花纹多，多用于制作衣柜、鞋柜等家具，可以有少许的弧度造型，但曲度不大。

★小贴士

生态板名称的由来

生态板是由木芯板演变而来的，它的内部结构与木芯板相同，只是在板材表面增加了装饰层，装饰层不仅起到美观作用，还能封闭板材中的甲醛，表面无须再涂刷油漆，避免了油漆中苯的存在，所以称其为生态板，具有环保理念。

↑橱柜

在装修中，生态板一般用于橱柜或成品家具制作，可以在很大程度上取代传统木芯板、指接板等木质构造材料。

↑办公家具

生态板还会用于制作办公场所中的办公桌，这类家具造型比较简单，色彩多变，同时也能满足其环保的功能性需求。

生态板也有缺点，由于生态板表面覆有装饰层，在施工中不能采用气排钉、木钉等传统工具、材料固定，只能采用卡口件、螺钉进行连接，施工完毕后还需在板面四周贴上塑料或金属边条，防止板芯中的甲醛向外扩散。

市场上的生态板种类丰富，质量层次参差不齐，价格也不尽相同，其中衫木质地轻软价格便宜，松木一般是最便宜的，白皮松次于好杉木，至于杨木属于杂木类，桐木很软很轻。

3.2.1 生态板的规格与价格

生态板的规格为2440mm×1220mm，厚度为15～18mm，其中18mm厚的板材价格为180～250元/张，特殊花色品种的板材价格较高。

3.2.2 正确选购生态板

1. 看产品侧面是否有品牌标志

正规公司生产的生态板，在板材一侧大多数都有公司名字，或是封边的板材，扣条上也有刻印的品牌字母缩写之类的标志。

2. 看表面光滑度

劣质的生态板材，表面会比较粗糙，凹凸不平，而优质的生态板则十分光滑，且即使用钥匙摩擦板材，表面痕迹也不会很明显。

3. 闻气味

生态板主要分为E0级和E1级，E0级甲醛释放量不大于0.5mg/L，E1级甲醛释放量不大于1.5mg/L，此外对于其他有毒物质散放，E1级板材基本是闻不到气味的。

↑光滑度

将生态板放置在光线稍暗的地方，倾斜板材查看板材表面是否平整光滑，有无明显接缝，用手仔细去摸去感受，光滑感越强的，板材材质越好。

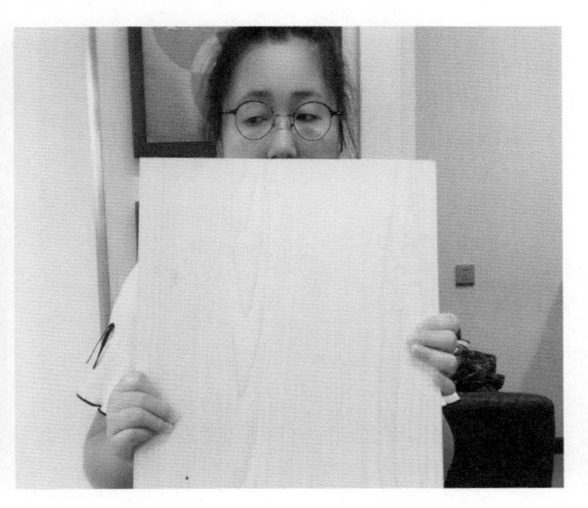

↑闻一闻

将多张生态板材放在一起，嗅闻板材的气味，优质的生态板没有刺鼻的气味，如果有刺鼻气味，代表甲醛释放量很高。每个人的嗅觉都是不同的，可以对一块板材多试几个人闻，就能得到比较准确的判定了。

4. 查看板材色彩是否均匀一致

正规生态板的颜色均匀一致，没有明显色差，也不会出现局部有点状、块状、黑点等不和谐颜色现象，也不会有褪色、起皮开胶等缺陷。

5. 观察板面

选购生态板时，除了挑选色彩与纹理外，主要观察板面有无污斑、划痕、压痕、孔隙、气泡，尤其是板面有无鼓包现象、有无局部装饰纸撕裂或缺损现象等。

6. 看是否开裂和鼓包

生态板材开裂和鼓包是胶合强度和基材引起的质量问题，开裂说明基材用胶量少，整体比较干燥。

7. 看固化程度

生态板表面是贴三聚氰胺纸的，三聚氰胺纸是原纸经过三聚氰胺胶浸泡烘干而成的，如果烘干不彻底，就会造成表面粗糙，不好打理。

8. 看贴牢度

还需要查看装饰纸与生态板材之间的贴合程度，贴合不牢固的，锯开时会有崩边现象，会增加加工难度，也会影响美观。

↑看固化程度

取生态板样品，用鞋油、记号笔涂在板面上，几分钟后看能否完全擦掉，可以擦掉的为优质品。

↑看贴牢度

取生态板样品，用强力胶在小块样品上粘住，并用力拉，看是否能将装饰纸张拉掉，或在横切面上扣一下，看能否将最上面的装饰纸扣掉，还可以用刀片划切侧壁边缘，看是否容易起皮开裂。

↑生态板家具定制

↑ PVC 装饰边条

生态板制作装修中的家具，具有很强的环保性能，工艺的关键在于板材侧面（切割面）的封闭，一般会采用与板材同色同纹理的 PVC 装饰边条来粘贴，虽然胶粘剂也存在甲醛，但是其挥发快，同时也被 PVC 装饰边条遮盖在内部，污染有限。

3.3 可以弯曲的胶合板

胶合板主要用于装修中木质制品的背板、底板，由于厚薄尺度多样，质地柔韧、易弯曲，也可以配合木芯板用于结构细腻处。

胶合板又被称作夹板，是将椴木、桦木、榉木、水曲柳、楠木、杨木等原木经蒸煮软化后，沿年轮旋切或刨切成大张单板，这些多层单板经过干燥后纵横交错排列，使相邻两个单板的纤维相互垂直，再经过加热胶压而成的人造板材。

胶合板有幅面大、施工便捷、易弯曲但不翘曲、横纹抗拉力学性好等特点，所以它不仅被用在家具制造、室内装修、建筑等方面，同时在车厢制造、各种军工制造、轻工产品制造等方面也有广泛应用。

↑胶合板

胶合板可以分为耐气候、耐沸水胶合板，耐水胶合板和不耐潮胶合板，其中耐水胶合板能有效经受冷水或短期热水浸渍，但不耐蒸煮。

↑胶合板弯曲吊顶

胶合板弥补了木芯板厚度均一的缺陷，曲度较大，用于制作弯曲吊顶时不会有施工难度。

胶合板拥有木材本身该有的优点例如强度高、纹理美观、容重轻、绝缘等，同时因为其后期的加工又克服了木材本身的一些缺点，如幅面小、纵横力学差等。因为这些优点，相较于其他板材来说胶合板使用面更加广泛。

胶合板的各种性能比较好，所以相较于其他各类板材来说价格比较昂贵，一般会用来制作一些高档的家具。

←胶合板层数

胶合板通常都做成 3 层、5 层、7 层、9 层、11 层等奇数层数，因为板材要保证最中间的应该是板，而不是接缝，否则弯曲后容易开裂。胶合板表层单板称为表板，里层的单板称为芯板，正面的表板叫作面板，背面的表板叫作背板。

3.3.1 胶合板的规格与价格

胶合板常见的规格为2440mm×1220mm，厚度根据层数增加，一般为3～22mm，主要用于木质家具、构造的辅助拼接部位，也可以用于弧形饰面，市场价格根据厚度不同而不等，常见9mm厚的胶合板价格为50～80元/张。

3.3.2 正确选购胶合板

1. 观察胶合板的正反两面

胶合板有正反两面的区别，一般选购木纹清晰，正面光洁平滑的板材，要求平整无扎手感，板面不应该存在破损、碰伤、硬伤、疤节、脱胶等疵点。

2. 观察剖切面

仔细观察胶合板的剖切面，注意部分胶合板是将两张不同纹路的单板贴在一起制成的，所以在选择上要注意夹板拼缝处应严密，要求没有高低不平等现象。

↑平抚板面

取胶合板样品，用手平抚板面，感受表面触感，没有刺感和粗糙感的属于优质胶合板，劣质的胶合板容易开裂，触感不佳。

↑胶合板剖切面质量

如果有条件应该将板材剖切，仔细观察剖切面，优质胶合板单板之间均匀叠加，不应该有交错或裂缝以及腐朽、变质等现象。

3. 听声音

可敲击胶合板的各部位，若声音发脆则证明质量良好，若声音发闷则表示板材已出现散胶的现象。

4. 看等级

市面上的胶合板主要是分为四个等级，其中一等、二等和三等比较常见，特等一般比较少见。

（1）特等。适用于高级建筑装饰、高级家具及其他特殊需要的制品。

（2）一等。适用于较高级建筑装饰，高、中级的家具制造，各种电器的外壳保护材料制造等。

（3）二等。适用于制作家具，普通的建筑制造，普通的建筑内部装修及车辆、船舶等的内部装修。

（4）三等。适用于物流快递包装材料等。

★小贴士

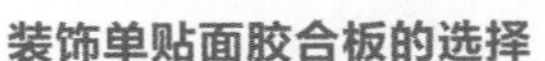

装饰单贴面胶合板的选择

近几年来，在胶合板的生产过程中，派生出不少的花色品种，其中最主要的一种是在原来胶合板的板面上贴上一薄层装饰单板薄木，称为装饰贴面胶合板，市场上简称装饰板或者装饰面板。天然木质饰面板价格较高，虽然材质无污染，但是需要涂刷油漆，存在污染，

↑装饰单贴面胶合板

人造饰面板是用 PVC 印刷层来覆盖板材表面，可以不刷油漆，避免了二次污染。

↑装饰单贴面胶合板用于衣柜

装饰单贴面胶合板用于衣柜等家具的内部贴墙板，板材与墙体发生接触，当板材受到墙体潮湿时不会发生较大变形和膨胀，厚度为 6 ~ 8mm，相对于木芯板和生态板而言很薄，不占用柜体内部空间。

3.4 简单快捷的纤维板

制造纤维板的原料十分丰富，如木材采伐加工的剩余物、稻草麦秸、玉米秆、芦苇等灌木或者乔木都可以成为制造纤维板的原材料，因此纤维板是一种能有效节省木材资源的良好人造板材。

纤维板是人造木质板材的总称，又被称为密度板，是以木质纤维或其他植物纤维为主要原料，经破碎浸泡、纤维分离、板坯成型和干燥热压等工序制成的一种人造板材。

纤维板适用于家具制作，现今市场上所销售的纤维板都会经过二次加工与表面处理，外表面一般覆有彩色喷塑装饰层，色彩丰富多样，可选择性强。

↑纤维板

纤维板表面经过压印、贴塑等处理方式，可以被加工成各种装饰效果，被广泛应用于装修中的家具贴面、门窗饰面以及墙顶面装饰等领域。

↑纤维板家具

中、硬质纤维板可替代常规木芯板，制作衣柜、储物柜时可以直接用作隔板或抽屉壁板，使用螺钉连接，无须贴装饰面材，简单方便。

3.4.1 纤维板的规格与价格

纤维板的规格为2440mm×1220mm，厚度为3～25mm，常见的15mm厚的中等密度覆塑纤维板价格为80～120元/张。

3.4.2　纤维板的分类

纤维板按表观密度不同，可分为硬质纤维板、半硬质纤维板和软质纤维板三种。

1. 硬质纤维板

硬质纤维板的表观密度大于800kg/m^3，其结构均匀、强度较高、耐磨性好、易于加工，可替代薄木板用于室内墙面、天花板、地面和家具制造等。硬质纤维板又分为很多种，具体种类如下（见表3-1）。

表3-1　　　　硬质纤维板的分类

序号	分类方法	硬质纤维板品种
1	按原料分类	1.木质纤维板：由木质纤维加工制成的纤维板 2.非木质纤维板：由竹材和植物纤维加工制成的纤维板
2	按光滑面分类	1.一面光滑纤维板：一面光滑，另一面有网痕的纤维板 2.两面光滑纤维板：具有两面均光滑的纤维板
3	按处理方式分类	1.特级纤维板：指施加增强剂或浸油处理的纤维板 2.普通纤维板：指未进行任何特殊加工处理的纤维板
4	按外观质量分类	1.特级纤维板：可分为一、二、三、四，四个等级 2.普通纤维板：可分为一、二、三，三个等级

2. 半硬质纤维板

半硬质纤维板的表观密度为400～800kg/m^3，其表面光滑、材质细腻、结构均匀、加工性好，与其他材料的黏结能力较强，是制造家具的良好材料，在建筑装饰工程中主要是用于家具、隔断、隔墙和地面等。

←纤维板做隔断

半硬质纤维板因为制造来源广泛、制造工艺简单且成品光滑、结构均匀所以十分适合用来做室内的装饰隔断。

3. 软质纤维板

软质纤维板的表观密度小于400kg/m^3，其结构松软、吸水率高，但吸引能力和保温性能好，是一种良好的保温、隔热、吸声材料，一般多用于吊顶处。

3.4.3 正确选购纤维板

1. 检查防水性能

如果条件允许，可锯下一小块中密度纤维板放在水温为20℃的水中浸泡24小时，观其厚度变化，同时观察板面有没有小鼓包出现。若厚度变化大，板面有小鼓包，说明板面防水性差。

2. 看颜色

优质的纤维板颜色一般都比较白或者偏黄，如果发现颜色发黑褐色，可能会存在质量问题。

3. 看横截面

优质的纤维板的横截面中心部位的木屑颗粒长度一般保持在5～10mm为宜，太长的结构疏松，太短的抗变形力差，会导致静曲强度不达标。

4. 看外观

通过查看纤维板的外观，可以很清楚、直观地感受到纤维板的表面色泽和平整度，优质的纤维板表面色泽一般都比较光亮，也比较平整。

5. 嗅闻

优质的纤维板没有刺鼻的气味，甲醛的含量也符合安全标准。

↑平整的纤维板

优质纤维板应该特别平整，厚度、密度应该均匀，边角没有破损，没有分层、鼓包、碳化等现象，无松软部分。

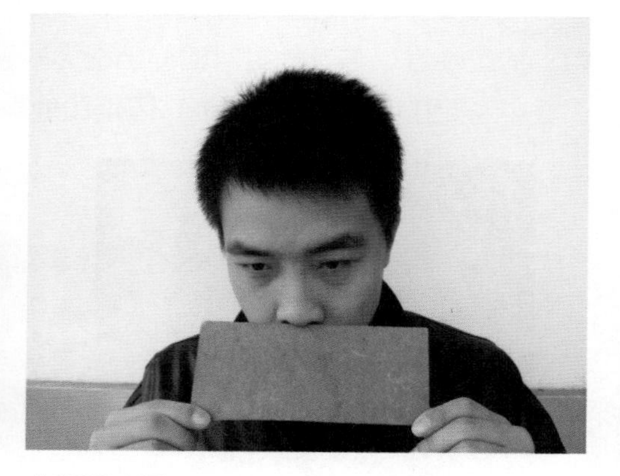

↑鼻子嗅闻

可以贴近纤维板用鼻子嗅闻，因为气味越大说明甲醛的释放量就越高，造成的污染也就越大。

3.5 价格低廉的刨花板

在现代装修中，纤维板与刨花板均可取代传统木芯板制作衣柜，尤其是带有饰面的板材，无须在表面再涂饰油漆、粘贴壁纸或家饰宝，施工快捷、效率高，外观平整。

刨花板又被称为微粒板、蔗渣板，也有进口高档产品被称定向刨花板或欧松板，它是由木材或其他木质纤维素材料制成的碎料，施加胶粘剂后在热力和压力作用下胶合而成的人造板。

↑刨花板

刨花板结构比较均匀，加工性能也较好，吸音和隔音性能也很好，可以根据需要进行加工。

↑定向刨花板

定向刨花板强度较高，经常替代胶合板做结构板材使用，长宽比较大，厚度比一般刨花板要大。

↑刨花板制作衣柜

刨花板及纤维板这两种板材对施工工艺的要求很高，要使用高精度切割机加工，还需要使用优质的连接件固定，并做无缝封边处理。

刨花板根据表面状况分为未饰面刨花板和饰面刨花板两种，现在用于制作衣柜的刨花板都有饰面。刨花板在裁板时容易造成参差不齐的现象，由于部分工艺对加工设备要求较高，不宜现场制作，故而多在工厂车间加工后运输到施工现场组装。

3.5.1 刨花板的规格与价格

刨花板的规格为2440mm×1220mm，厚度为3~75mm，常见19mm厚的覆塑刨花板价格为80~120元/张。

3.5.2 刨花板的分类

刨花板分类方法可根据原料的不同分类，也可以根据表面的状态分类，还可以根据用途的不同分类（见表3–2）。

表3–2 刨花板的分类

序号	分类方法	种类
1	原料	木材刨花板、甘蔗渣刨花板、亚麻屑刨花板、棉秆刨花板、竹材刨花板等
2	表面状态	未砂光刨花板、砂光刨花板、涂饰刨花板、装饰材料刨花板等
3	用途	在干燥状态下使用的刨花板、在干燥状态下使用的家具及室内装修刨花板、在干燥状态下使用的结构用刨花板、在干燥状态下使用的增强结构刨花板和在潮湿状态下使用的增强结构刨花板等

3.5.3 正确选购刨花板

1. 看边角

选购刨花板时最重要的关键在于边角，板芯与饰面层的接触应该特别紧密、均匀，不能有任何缺口。可以用手抚摩未饰面刨花板的表面，感觉应该比较平整，无木纤维毛刺。

2. 看横截面

从横截面可以清楚地看到刨花板的内部构造，刨花板的颗粒越大越好，一般颗粒大的刨花板着钉比较牢固，便于施工。

★小贴士

切边整齐光滑的板材不一定好

切边是机器锯开时产生的，优质板材一般并不需要再加工，往往有不少毛刺，质量有问题的板材因其内部是空心、黑心，所以厂家会在切边处贴上一层美观的木料并打磨整齐，因此，不能以切边整齐光滑为标准衡量孰好孰坏。

3.6 其他木质装饰材料

木花格与木线条能起到常规板材所达不到的装饰效果，是板材的有益补充。

除了以上的各种板材之外，在室内装饰装修中还有许多地方需要用到其他的木质装饰材料。

3.6.1 木花格

木花格是用木板或枋木制作成若干个分格的木架，这些分格的尺寸或者形态一般各不相同，造型丰富多样、图案典雅、古朴大方，按花格的不同形式和用途，选材常用硬质杂木或杉木制成，并要求这些木材的木节少、色泽好、无虫蛀和腐朽等缺陷。这也是我国民间建筑传统的常用装饰手法之一，深受古今中外人们的喜爱。

木花格具有加工制作简单、饰件轻巧纤细、表面纹理清晰、装饰效果好等优点，常用于栏杆、扇门、花窗、挂落、博古架、隔断等，能起到调整室内设计格调、改进空间　效能和提高室内艺术效果等作用。

←实木制作的木花格

实木制作的型材是无污染的，但是实木必须刷油漆才能正常使用，否则木料很容易受潮污染，滋生细菌而发霉，还是会造成污染，可以选用食用油来涂刷，如棕榈油、橄榄油。

3.6.2 木装饰线条

木装饰线条简称木线，是选用质地坚硬、纹理细腻、材质较好的木材，经过干燥处理后，再用机械或手工加工而成。

木装饰线条可油漆成各种各样的色彩或木纹本色，在室内装饰中起到固定、连接、加强饰面装饰效果的作用，既可以进行直接对接、拼接，也可以弯曲成各种弧线，可作为装饰工程中各平面相接处、相交处、层次面、对接面的衔接口、交接条等的收边封口材料。

↑木花格

传统的木花格制作技术娴熟，图案丰富多彩，很多古建筑中充分体现了中国人的聪明智慧和高超的工艺水平。

↑木装饰线条

木装饰线条具有材质坚硬、表面光滑、木质细腻、棱角规矩、轮廓分明、耐磨耐蚀等特点。

↑木花格与木线条打造的中式客厅

木花格用于墙面、隔断的局部装饰，木线条用于装饰构造形体的转角装饰，两者搭配使用要保持色彩一致，与其他家具色彩完美搭配，实木材料虽然价格较高，但是采用食用油涂刷环保无污染，但是不宜采用纤维板雕刻、冲压出来的木花格与木线条，里面存在很多污染物质。

3.7 人造板材中的有害物质

人造板在加工的过程中为了提高自身的品质，免不了会加入各种添加剂或者胶粘剂，这就导致了它们本身携带了一定的有害物质。

木材作为建筑材料具有许多优良性能，如易加工,导热性能低,导电性能差，弹性和塑性好，能承受冲击和震动荷载的作用，有的木材具有美丽的花纹，易于着色和油漆，是十分理想的建筑材料。

3.7.1 防不胜防的甲醛

甲醛是人造板中产生的最主要的有害物质，它主要有以下四个来源。

1. 胶粘剂中的甲醛

由于人造板材是人们利用天然木材和其加工中的边角废料，经过机械加工而成的板材。所以在其加工过程中，要使用脲醛树脂胶，使用脲醛树脂胶会产生甲醛的原因主要有以下三种。

（1）树脂在合成时余留有末反应的游离甲醛。

（2）树脂合成时参与反应生成不稳定基团的甲醛，在热压过程中又会释放出来。

（3）在树脂合成时吸附在胶体粒子周围已质子化的甲醛分子，在电解质的作用下也会释放出来。

←脲醛树脂胶

脲醛树脂胶是胶粘剂中用量最大的品类，在木材加工业各种人造板的制造中脲醛树脂及其改性产品占胶粘剂总用量的 90%左右。

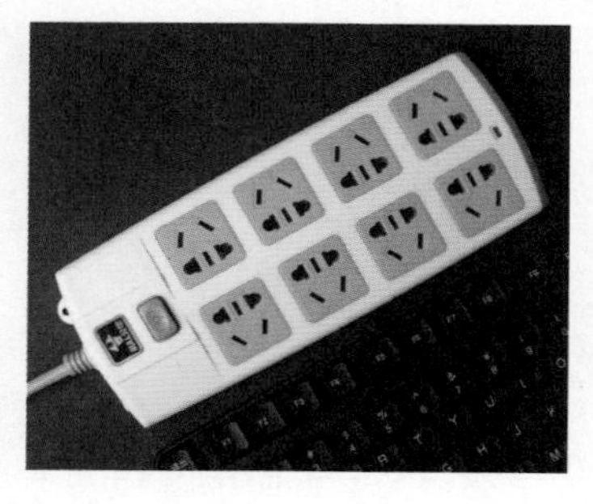

←插线板中使用脲醛树脂胶

脲醛树脂胶不仅应用于各种人造板材的加工之中，同时也用于介电性能要求不高的制品中，如插线板、开关、机器手柄、仪表外壳、旋纽、日用品、装饰品等。

2. 板材中使用甲醛

生产人造板使用的原料中也会释放出甲醛，一般木材的甲醛释放量为1～3mg/100g，木材在干燥时会部分分解，生成醋酸与蚁酸，木质素中甲氧基断链可释放出甲醛，因此橡树人造板的甲醛释放量就低于松木人造板。

以马尾松为例，实木的甲醛释放量为2.65mg/100g，刨花板则为3.69mg/100g，提高了40%；水曲柳实木的甲醛释放量为3.39mg/100g；杉木实木的甲醛释放量为1.32mg/100g；柳木实木的甲醛释放为1.60mg/100g。

↑云杉

树皮的甲醛释放量大于实木，树种和刨花板受形态影响较大，如云杉会增加甲醛的释放量，而橡木正好相反。

↑锯屑密度板

锯屑密度板甲醛释放量约比刨花板高出 10 倍，并且用低密度的树种制成的密度板，其甲醛散发能力高于用高密度树种制成的密度板。

3. 制板工艺

板材芯层甲醛散发潜势较高，原因是芯层为固化“薄弱区”，温度较低，含水率较高，*P*值也较低，固化程度差，容易水解产生甲醛。随着施胶后原料含水率的下降，生产中和产品中的甲醛释放量下降，产品的其他性能有所降低，不利于热量的传递，反而会使产品中的甲醛释放量增加。

4. 结构降解

温度、湿度、酸碱、风化、光照等环境条件使板内未完全固化的树脂发生降解而释放出甲醛。完全固化的树脂也会因外部环境条件的变化而不稳定地释放甲醛。水分和酸性物质（尤其是在较高温度下的水分和化学腐蚀物质）对板材结构的危害更甚，甲醛的释放量会随之增大。

5. 对甲醛正确判断

木芯板会释放甲醛是因为，木芯板在制造的过程中，使用含有甲醛的胶粘剂，如前文所说，胶粘剂中含有一定量的甲醛。因此，木芯板使用了胶粘剂那么它多少都会释放甲醛，当甲醛的含量超过一定的限制时，就会对人体的健康产生影响。

检测木芯板的甲醛的释放量是一个非常繁复的过程，因此可以通过一些简单的方法来判断木芯板中甲醛的释放量有没有超过限制。

首先，将所有的木芯板整齐地码放在一间闲置的空房间中，并且将房间的门窗都封闭好，之后耐心地等待一段时间。再次进入房间时，如果室内有非常浓烈的刺鼻气味那么就说明此类木芯板的甲醛含量较高，最好不要使用。如果室内没有刺鼻的气味那么就说明这类木芯板中甲醛释放量很少，可以放心使用。除了木芯板之外，其他板材包括胶合板、刨花板、纤维板等都适用这种方法。

↑板材堆放

将大量的板材堆积在密闭的空间内放置一段时间，之后根据气味判断甲醛含量，既简单又便利。

↑三聚氰胺板

三聚氰胺板防火、耐热、抗震、质轻、防霉、易清理、可再生，完全符合节能降耗，保护生态的既定方针。

生态板也被叫作三聚氰胺板，提起三聚氰胺人人为之色变，其实不用太过于担心。三聚氰胺本身的毒性是非常小的，同时也比较稳定，它在固化后不会产生有毒物质。

制作家具的三聚氰胺对空气是否会产生污染主要取决于三聚氰胺所使用的中密度板或是刨花板基材，如果基材甲醛的释放量达到环保的标准，三聚氰胺是不会加剧材料的污染的，三聚氰胺板材没有任何气味，产生气味的是质量较差的中密度板、涂料或是黏合剂等含有甲醛的物质散发出来的。

3.7.2 控制甲醛释放的方法

在大多数板材中，甲醛是无可避免的，板材中的甲醛释放时间为3～15年，高峰期在3年以内，但是可以通过以下方法来减少甲醛的释放。

1. 确定板材用量

以木芯板为例，每张板材甲醛的含量都是被控制在一定范围内的，所以只要确定合理的使用量一般就不会造成甲醛超标。

以面积在100m^{2}左右的房子为例，使用合格的E0级环保木芯板的数量不超过30张，就不会出现甲醛超标的问题。使用合格的E1级环保木芯板的数量不超过30张，装修结束后积极通风并放置6个月，并对室内空间进行积极的净化处理，也不会出现甲醛超标的问题。

当然这只是在没有考虑其他装修材料的使用的情况下做的大概估算，如果再考虑其他的装修材料的情况，那么允许使用的木芯板的张数会更少。

2. 甲醛封闭与清除

甲醛封闭剂是一种专门用于治理空气中的甲醛及甲醛污染源的治理类的液体，主要是对甲醛起到封闭作用。甲醛封闭剂主要有两种，一种是专门清除室内空气中的甲醛的，另一种是对各种人造板材的甲醛进行封闭的。

↑甲醛封闭剂

甲醛清除剂颠覆传统甲醛清除方式，采用纳米主动渗透技术，可以有效渗透并捕捉板材内部的甲醛。

↑甲醛清除剂

对不能做饰面处理的木板，特别是装修的背板、各种柜内板和暖气罩内壁等可以使用甲醛封闭剂进行处理。使用时，根据比例调兑成液体喷洒在板材表面和缝隙处即可。

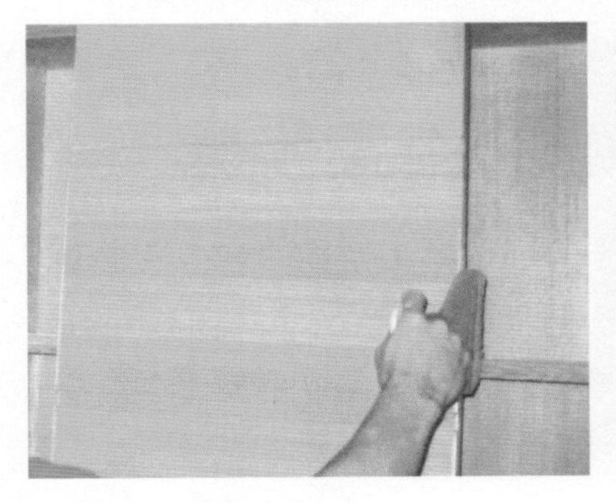

↑ 甲醛封闭剂涂刷板材

在装修过程中，将板材切割后，统一涂刷或喷洒甲醛封闭剂可以将甲醛封闭在板材内，让板材中的甲醛不释放，或释放量很少。

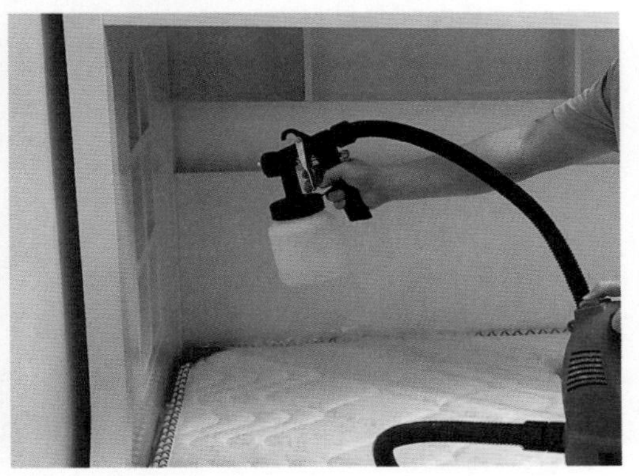

↑ 甲醛清除剂喷涂板材

在装修结束后，采用甲醛清除剂对板材制作成型的家具、构造进行全面喷涂，将可能存在的外露部位全部覆盖，让甲醛与清除剂发生中和，从而起到清除甲醛的目的。

对板材的甲醛处理应当经过这两个环节，缺一不可，才能有效杜绝人造木质板材对室内环境的污染。

↑ 纤维板家具

纤维板家具造价低廉，板材中含有甲醛，封边工艺很重要，如封边严密且无外露缝隙，加上板材合格是可以放心使用的，在装修结束后要开启抽屉与柜门通风 3 个月后再入住。

↑ 实木家具

实木家具不完全是实木，实木容易变形，脱水均衡的木料价格昂贵，一般家具可以将没有涂刷油漆的实木板用于制作家具内部构造，如抽屉、隔板等，在使用中保持好干燥和卫生，不会受潮发霉，同时也就没有污染，是现代装修的首选。

3.8 板材家具正确的施工步骤

常见的木质柜件包括鞋柜、电视柜、装饰酒柜、书柜、衣柜、储藏柜与各类木质隔板，木质柜件制作在木构工程中占有相当大的比重。下面就以衣柜为例，详细介绍施工方法。

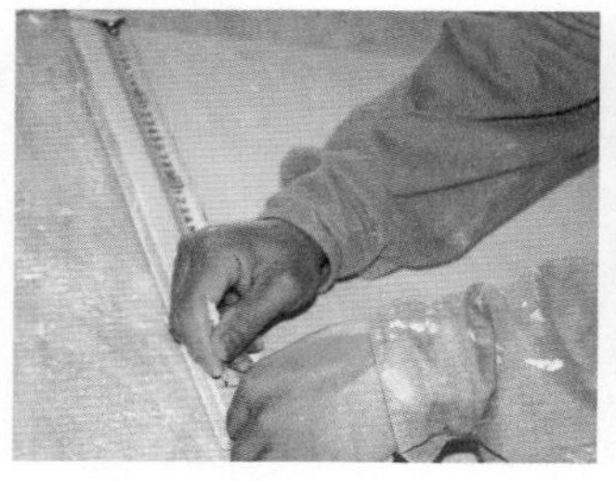
↑在板材上放线定位

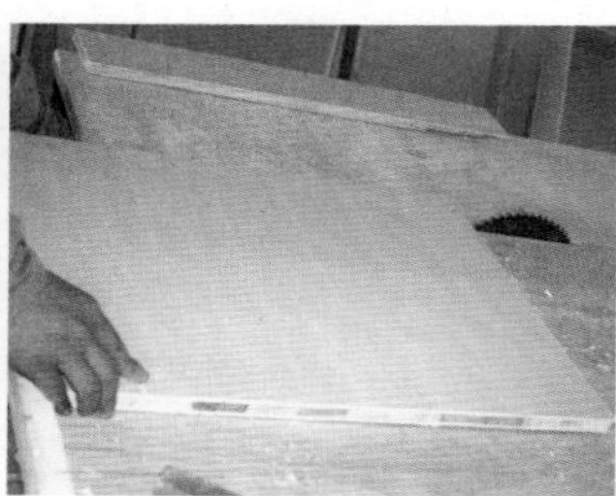
↑精确切割板材

↑固定柜体

↑地面上制作好柜件框架

↑板材侧面用木质线条遮盖

↑柜件与砖墙保持距离防止受潮

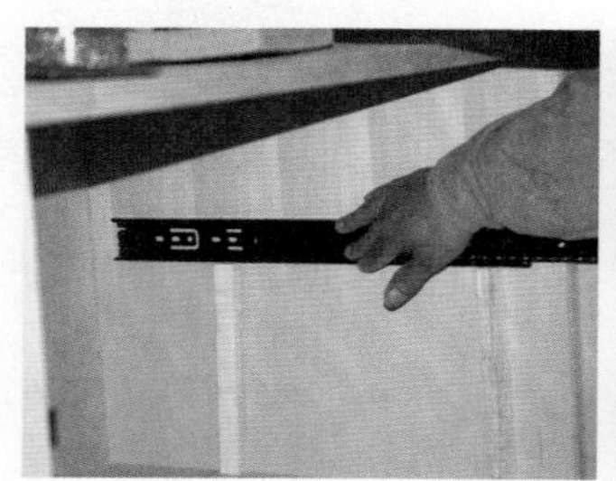
↑安装抽屉滑轨

↑滑轨需对齐并调试平行

↑制作完成

家具在制作过程中应当打开门窗，一边切割板材一边保持通风，让板材中的有害物质在第一时间内散发出来，可以在施工现场安装电风扇等通风设备。尽量不用需要涂刷油漆的薄木饰面板，如果确实需要应当在板材安装之前预先涂刷底漆，尽量延长油漆的挥发时间。

↑推拉门衣柜

推拉门衣柜开启、关闭的幅度大，装修结束后应当完全开启 3 个月后再入住。

↑复杂的衣帽间

造型复杂的衣帽间会消耗大量材料，造成板材中的有害物质持续释放，对人体健康造成危害。

↑保持衣柜的通风透气

衣帽间与大件家具应当保持通风透气，或是安装排风扇，或是安装大面积推拉门，或是安排在带有窗户的房间中，总之要保持通风。

◎本章小结

从国内外治理室内甲醛污染来看，均可归结为源头治理和后期治理两大类。但单纯的源头治理或单纯的后期治理均不能使室内的甲醛污染降到最低的程度，所以我们应该提倡综合治理，即装饰时不仅要选用合格的人造板，还要控制使用量。

同时要清楚地明白由于技术、工艺上的难题，在10年内还无法生产不含甲醛的人造板材，这个问题不仅在我国存在，在发达国家及地区如日本、美国及欧洲也都普遍存在。所以不要相信市面上所说的无甲醛的板材，这些都是卖家的噱头。

常用木质板材对比见表3-3。

表3-3　　　　常用木质板材对比表

品种	图样	性能特点	用途	价格
木芯板		质地稳定、板材厚实、缝隙密实、价格较高、不易变形、环保质量一般	室内家具、构造主体制作、柜门、台面制作	160～200元/张
生态板		表面色泽丰富、具备良好的防火性能和环保性能	室内家具、构造饰面	180～250元/张
胶合板		层级多、具有韧性，能弯曲，抗压效果好	室内家具、构造辅助制作	50～80元/张
纤维板		质地均衡、纤维密集、变形较小、饰面色彩丰富、承载力较强	室内家具制作	80～120元/张
刨花板		质地均衡、颗粒较大、不变形、饰面色彩丰富、承载力较弱	室内家具制作	80～120元/张

第 4 章

墙地材料马虎不得

识读难度： ★★☆☆☆

核心概念： 面砖、地砖、石材

章节导读： 墙砖、地面砖是家装中不可缺少的材料，厨房、卫生间、阳台甚至客厅、走道等空间都会大面积采用这种材料，其生产与应用具有悠久的历史。在装饰技术发展与生活水平迅速发展的今天，墙砖、地面砖的生产更加科学化、现代化，品种、花色也更多样化，性能也更加优良。

4.1 普及率高的釉面砖

釉面砖表面可以做样式丰富的花纹，相比抛光砖图案更加丰富，但是在耐磨性方面不如抛光砖。

釉面砖又称为陶瓷砖、瓷片，是装饰面砖的典型代表，是一种传统的卫生间、厨房墙面铺装用砖，根据表面光泽不同，釉面砖又可以分为高光釉面砖与亚光釉面砖两大类。

↑普通釉面砖

釉面砖的表面用釉料烧制而成，主体可以分为陶土与瓷土两种，陶土烧制出来的背面呈灰红色，瓷土烧制的背面呈灰白色。

↑釉料印花釉面砖

由于釉料印花与生产工艺不同，印花釉面砖表面可以制作成各种图案与花纹，装饰性很强。

★小贴士

陶土与瓷土

陶土烧制而成的釉面砖吸水率较高，质地较轻，强度较低，价格低廉，辐射较低。瓷土烧制而成的釉面砖吸水率较低，质地较重，强度较高，价格较高，辐射较高。现今主要用于墙面及地面铺设的是瓷制釉面砖，质地紧密，美观耐用，易于保洁，孔隙率小，膨胀不显著。

4.1.1　釉面砖的特性

在现代装修中，釉面砖主要用于厨房、卫生间、阳台等室内外墙面铺装，墙面砖规格一般为（宽 × 长 × 厚）300mm × 300mm × 6mm、300mm × 450mm × 6mm以及300mm × 600mm × 8mm等。高档墙面砖还配有相当规格的腰线砖、踢脚线砖、顶脚线砖等，均施有彩釉装饰，且价格高昂，其中腰线砖的价格是普通砖的5～8倍。

★小贴士

墙面砖用途广

墙面砖在装修中主要用于洗手间、厨房、室外阳台区域，也可以作为一种装饰元素用在墙面、门窗边缘、踢脚线等区域，既美观又保护墙基不易被鞋或桌椅凳脚弄脏。贴墙砖是保护墙面免遭水溅的有效途径，而用于水池和浴室的釉面砖，则既要美观、防潮，也要兼顾耐磨性。

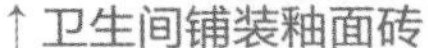

↑ 卫生间铺装釉面砖

釉面砖具备良好的防潮性能，适用于卫生间潮湿的环境，拥有不同花色、图案的釉面砖可以很好地装饰卫生间。

↑ 釉面砖的样式

釉面砖拥有各种规格和各种色彩，可以很好地装饰空间，也能适用于不同面积的空间。

4.1.2 正确选购釉面砖

1. 观察外观

取样品，观察釉面砖外观，优质的釉面砖图案纹理细腻，不同的砖体表面也没有明显的缺色、断线以及错位等。

2. 测量尺寸

在铺装时应采取无缝铺装工艺，这对瓷砖的尺寸要求很高，最好使用卷尺检测不同砖块的边长是否一致。

3. 提角敲击

优质的釉面砖不会轻易有裂痕，敲击时所发出的声音也比较清脆，而劣质的釉面砖敲击时所发出的声音是十分低沉的。

↑观察釉面砖外表

从包装箱内取出多块釉面砖，平整地放在地上，看砖体是否平整一致，对角处是否嵌接整齐，没有尺寸误差与色差的就是优质品。

↑观察釉面砖背面

观察釉面砖背面颜色，全瓷釉面砖的背面应呈现出乳白色，而陶质釉面砖的背面则是土红色的。

←测量尺寸

用卷尺测量釉面砖的尺寸，检查其四边尺寸是否符合标准尺寸，测量时注意与边角平行，以免产生误差。

4. 背部湿水

优质釉面砖密度较高，吸水率低，强度好，而低劣釉面砖密度很低，吸水率高，强度差，且铺装完成后，黑灰色的混凝土色彩会透过砖体显露在表面。

背部湿水的方法不是对所有釉面砖有效，对后文提到的玻化砖、微粉砖、石材无效，部分厂家还会在釉面砖背后喷上透明涂料，使其无法渗水，这点要主要识别，具有轻微反光的转体背面就是喷上涂料的釉面砖。

↑敲击边角

用手指垂直提起陶瓷砖的边角，让瓷砖自然垂下，用另一手指关节部位轻敲瓷砖中下部，根据声音清脆度可判断釉面砖的质量优劣。

↑吸水密度

将瓷砖背部朝上，滴上少许清水，如果水渍扩散面积较小则为上品，反之则为次品。

5. 平整度吸力

将两片釉面砖的表面，面对面贴紧，然后用手对半分离，如果在分离过程中感到有明显吸力，就说明釉面平整、光滑，做工上乘，反之则质量不佳。这种方法仅适用于边长≤600mm的釉面砖，对于更高质量的玻化砖等产品，没有适用性，因为大规格砖材表面的平整度都很高。

★小贴士

釉面砖的保养方法

在日常使用中，釉面砖要注意清洁保养。砖面是非常致密的物质，有色液体或污垢一般不会渗透到砖体中，使用抹布蘸水或加清洁剂擦拭即能清除掉砖面的污垢。如果是凹凸感很强的釉面砖，凹凸缝隙里面容易积压很多灰尘，可以使用尼龙刷子刷净。针对茶水、冰激凌、咖啡、啤酒等长期残留的污渍可以使用釉面砖专用清洁剂清洗。

4.2 标新立异的锦砖

锦砖砖体轻薄，紧密的缝隙能保证每块材料都牢牢地黏结在砂浆中，因而不易脱落，即使少数砖块掉落下来，也方便修补，不会构成危险，具有安全感。

锦砖又称为马赛克、纸皮砖，是指在装修中使用的拼成各种装饰图案的片状小砖。

传统锦砖一般是指陶瓷锦砖，于20世纪七八十年代在我国流行一时，后来随着釉面砖的发展，陶瓷锦砖产品种类有限，逐步退出市场。如今随着设计风格的多样化，锦砖又重现历史舞台，其品种、样式、规格更加丰富。

↑锦砖

锦砖花色十分丰富，组合样式也具有多变性，可以很好地装饰空间。

↑锦砖拼贴画

锦砖还可以用来做拼贴画装饰墙面，但是过程比较复杂，所以一般来说价格比较昂贵。

4.2.1 锦砖的特性

锦砖的吸水性好，吸水率小，抗冻性能强，现在逐渐成为装修的重要材料，特别是晶莹、细腻的质感，能提高装修界面的耐污染能力，并体现材料的高贵感。

4.2.2 正确选购锦砖

1. 观察外观

将2～3片锦砖平放在采光充足的地面上，目测距离约为1m，优质产品应无任何斑点、粘疤、鼓包、坯粉、麻面、波纹、缺釉、棕眼、落脏、熔洞等缺陷。但是天然石材锦砖允许存在一定的细微孔洞，瑕疵率应小于5%。

↑规格整齐

单片颗粒间规格、大小一致，边沿整齐，背面无太厚乳胶层的为优质品。

↑色彩

颜色分布均匀，无明显色差，看上去让人有一种舒适感觉的属于优质品。

2. 用卷尺测量

用卷尺仔细测量锦砖的边长，标准产品的边长为300mm，各边误差应小于2mm，特殊造型锦砖除外。

3. 检查粘贴的牢固度

锦砖上的各种小块材料都粘贴在玻璃纤维网或牛皮纸上，可以用双手拿捏锦砖一边的两角，使整片锦砖直立，然后自然放平，反复5次，以不掉砖为优质产品。

↑卷尺测量

用卷尺测量锦砖的横向距离和纵向距离，得出的尺寸与产品标识上的尺寸一致的为优质品。

↑检查牢固度

将整片锦砖卷曲，然后伸平，反复5次，或反复褶皱小砖块，以不掉砖为优质产品。

4.3 经济实惠的抛光砖

通体砖坯体的表面经过打磨而成的一种光亮的砖叫作抛光砖，抛光砖相比较通体砖而言表面会更加光洁。抛光砖适合在客厅、卧室中使用。

4.3.1 抛光砖的特性

抛光砖采用黏土与石材粉末经压制后经过烧制而成，正面与反面色泽一致，不上釉料。

抛光砖的表面十分光洁，抛光砖在生产过程中由数千吨液压机压制，再经1200℃以上高温烧结，强度高，砖体也很薄，具有很好的防滑功能。

抛光砖在生产时会留下凹凸气孔，这些气孔会藏污纳垢，造成表面很容易渗入污染物，甚至将茶水倒在抛光砖上都会渗透至砖体中。

↑抛光砖

抛光砖色泽亮丽，抗弯曲强度大，重量也很轻，坚硬耐磨，适合除洗手间、厨房以外的室内空间中使用。

↑抛光砖与踢脚线

还可以将抛光砖作为踢脚线来使用，可以有效防止墙角被桌椅或其他物品弄脏或磕碰到。

抛光砖主要用于地面铺装，根据不同位置特性，要求铺设的地面砖类型也有所不同，相同位置也有多种不同特性的地面砖可供选择。由于地面砖在装饰材料中选购所占比例比较大，所以在选购时要货比三家，选购前一定要对所需地砖有精确的计算，避免浪费。

4.3.2　正确选购抛光砖

1. 看产品标识

抛光砖包装上的产品参数以及环保指数等都应清晰地标明，字迹不应模糊不清。

2. 看尺寸

规范的尺寸，不光利于施工，更能体现装饰效果，好的抛光砖规格偏差小，铺贴后整齐划一，砖缝平直，装饰效果良好。

↑标准尺寸

尺寸是否标准是判断抛光砖优劣的关键，可以用卷尺或卡尺测量抛光砖的对角线和四边尺寸及厚度是否均匀。

↑平整抛光砖

将抛光砖置于平整面上，看其四边是否与平整面完全吻合，看抛光砖的四个角是否均为直角。

3. 看色泽度和图案

查看抛光砖的色泽均匀度和其表面的光洁度，好的抛光砖花纹、图案和色泽都清晰一致，工艺细腻精致，不会出现明显漏色、色差、错位、断线或深浅不一的现象。

↑色泽

从一箱中抽出几片抛光砖，在充足的光线条件下肉眼查看有无色差、变形及缺棱少角等缺陷。

↑割、划

可以用钥匙轻划抛光砖表面，表面细密且质地较硬，没有划痕的为优质抛光砖。

4.4 坚固耐用的玻化砖

玻化砖具有天然石材的质感，而且具有高光度、高硬度、高耐磨、吸水率低以及色差少等优点，玻化砖的色彩、图案、光泽等都可以人为控制，自由度比较高。

玻化砖又称为全瓷砖，是通体砖表面经过打磨而成的一种光亮瓷砖，属通体砖中的一种，采用优质高岭土经强化高温烧制而成，质地为多晶材料，具有很高的强度与硬度。

↑玻化砖

玻化砖表面光洁而又无须抛光，因此不存在抛光气孔的污染问题，耐腐蚀和抗污性都比较好。

↑玻化砖样式

玻化砖结合了欧式与中式风格，色彩丰富多彩，铺装于墙地面上可以起到隔音、隔热的作用，而且质地比大理石轻便。

↑客厅铺贴玻化砖

玻化砖以中大尺寸产品为主，产品最大规格可以达到 1200mm × 1200mm，主要用于大面积客厅。

4.4.1 玻化砖的特性

玻化砖有单一色彩效果、花岗岩外观效果、大理石外观效果以及印花瓷砖效果等，采用施釉玻化砖装饰法、粗面或施釉等多种新工艺产品。玻化砖尺寸规格一般较大，通常为600mm × 600mm × 8mm、800mm × 800mm × 10mm、1000mm × 1000mm × 10mm、1200mm × 1200mm × 12mm，中档产品的价格为80 ~ 150元/m^2。

★小贴士

玻化砖保养方法

玻化砖在施工完毕后，要对砖面进行打蜡处理，3 遍打蜡后进行抛光，以后每 3 个月或半年打蜡 1 次，否则酱油、墨水、菜汤、茶水等液态污渍会渗入砖面后留在砖体内，形成“花砖”，同时，砖面的光泽会渐渐失去，最终影响美观。此外，玻化砖表面太光滑，稍有水滴就会使人摔跤，部分产地的高岭土辐射较高，购买时最好选择知名品牌。

4.4.2　正确选购玻化砖

1. 听声音

可以一只手悬空提起瓷砖的边角，另一只手敲击瓷砖中间，如果发出清脆响亮的声音，可以认定为玻化砖；如果发出的声音混浊、回音较小且短促，则说明瓷砖的坯体原料颗粒大小不均，为普通抛光砖。

2. 选择品牌

市场上的知名品牌玻化砖均能在网上搜索到，其色泽、质地应该与经销商的产品完全一致，这样能有效地识别真伪。

3. 试手感

不同的玻化砖手感不同，可以通过手感来深刻地感受玻化砖的质地和重量，也可以此为依据来辨别玻化砖。

4. 观察背面

优质玻化砖的质地应均匀细致，吸水率也小于0.5%，而吸水率越低，则表明玻化程度越好。

↑掂重量

双手提起相同规格、相同厚度的瓷砖，仔细掂量，手感较重的为玻化砖，手感轻的为抛光砖。

↑观察背面

从表面上来看，玻化砖是完全不吸水的，即使洒水至砖体背面也不会有任何水迹扩散的现象。

4.5 高档昂贵的微粉砖

微粉砖所使用的坯体原料颗粒研磨得非常细小，通过计算机随机布料制坯，经过高温高压煅烧，然后经过表面抛光而成，其表面与背面的色泽一致。

微粉砖是在玻化砖的基础上发展起来的一种全新通体砖，也可以认为是一种更高档的玻化砖。

↑微粉砖

微粉砖的层次和纹理更具通透感和真实感，纹样十分丰富，装饰效果也比较好。

↑微粉砖花色

微粉砖背面的底色和正面的色泽应该一致，正面花色、图案等也都不呆板，具有很好的美观性。

4.5.1 超微粉砖

超微粉砖的基础材料与微粉砖一样，只是表面材料的颗粒单位体积更小，只相当于一般抛光砖原料颗粒的5%左右。超微粉砖的花色图案自然逼真，石材效果强烈，采用超细的原料颗粒，产品光洁耐磨，不易渗污。

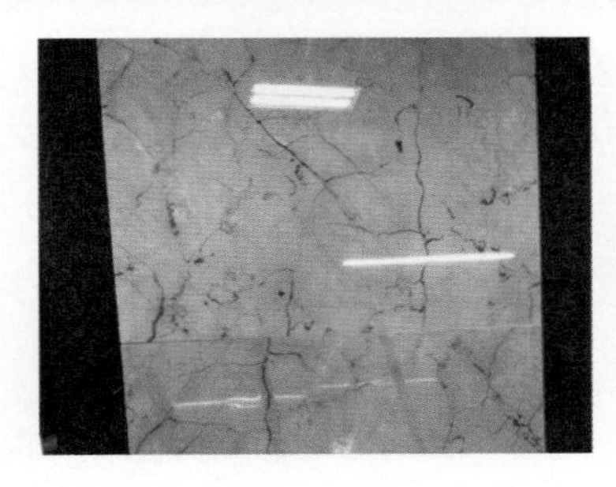

←超微粉砖样式

超微粉砖的每一片砖材的花纹都不同，但整体非常的协调、自然。

超微粉砖中还加入了石英、金刚砂等矿物骨料，所呈现的纹理为随机状，看不出重复效果。在超微粉砖的基础上还开发出了聚晶微粉砖，聚晶微粉砖是在烧制过程中融入了一些晶体熔块或颗粒，是属于超微粉砖的升级产品。

超微粉砖除了具备微粉砖的特点外，从外观上看产品的立体效果也更加的突出，更加接近于天然石材。当然，这只是在产品的装饰效果上有所区别，其产品性能与微粉砖没有太大差距。

4.5.2　正确选购微粉砖

1. 看渗透度

微粉砖完全不吸水，可以通过泼洒各种液体至微粉砖表面来辨别微粉砖的优劣，优质产品不会有渗透现象。

2. 看坚硬度

优质的微粉砖不会轻易产生划痕，因而使用寿命也较长，非常适合各个空间的地面铺装。

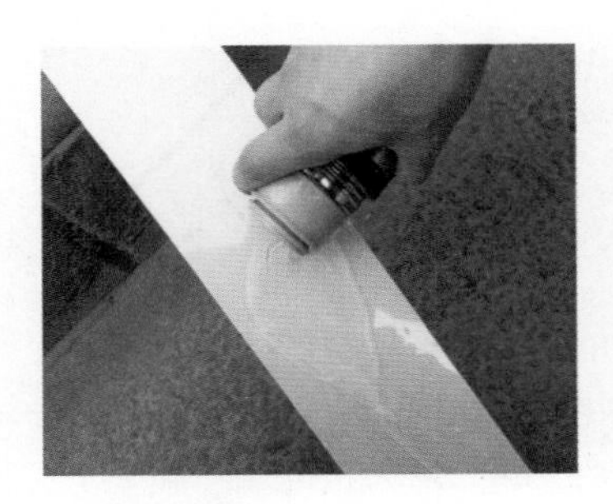

↑表面洒水

取微粉砖样品，倾斜一定角度，在其表面倒上少量清水，观察清水是否顺流而下，在微粉砖表面是否有残留。

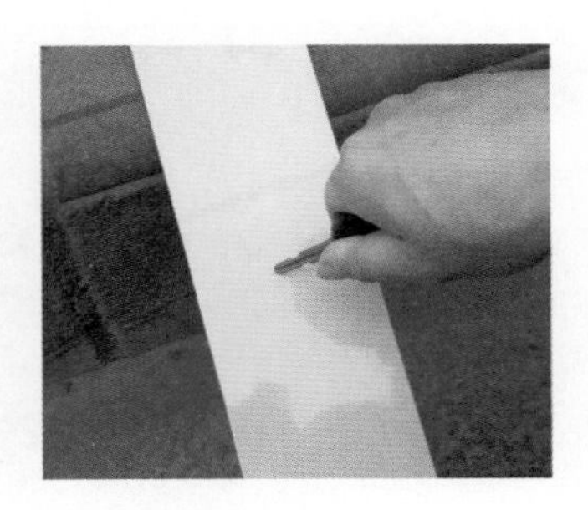

↑钥匙划摩

取微粉砖样品，在其表面采用尖锐的钥匙或金属器具在其表面摩划，优质微粉砖不会产生任何划痕。

3. 看是否易清洁

微粉砖具有玻化砖同等的优点，但又优于玻化砖，表面非常容易清洁，污渍也不会顽固停留在其表面。

4. 看持久度

微粉砖是经过高温、高压煅烧而成，表面的色泽和花纹持久度都很高，优质产品的色彩更加亮丽、明快，不会轻易掉色，背面不会因为任何细微地吸入而状态黯淡，装饰效果十分好。

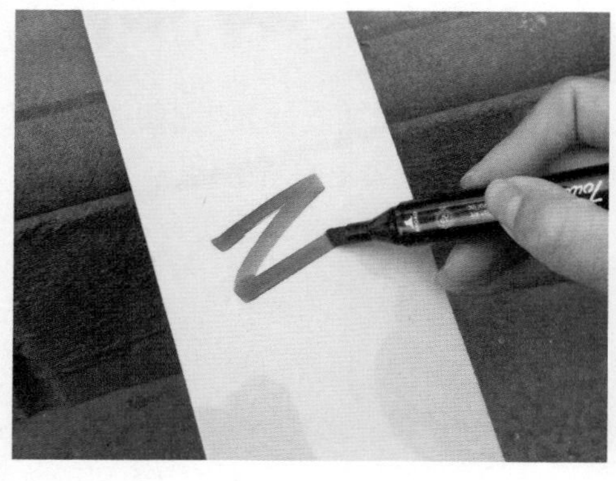

↑表面写字

取微粉砖样品，使用记号笔或粗水性笔，在微粉砖上随意画写，然后用湿抹布擦除，观察擦除是否容易，擦除后是否留有污渍，没有的为优质品。

↑砂纸擦、磨

取微粉砖样品，用砂纸在其表面摩擦，观察表面是否有磨痕，微粉砖表面色泽有无变化，无任何变化的为优质品。

★小贴士

抛光砖的保养方法

（1）用前保护。抛光砖在施工与日常使用中要注意清洁保养，抛光砖在铺好后未使用前，为了避免其他项目施工时损伤砖面，应用编织袋等不易脱色的物品进行保护，把砖面遮盖好。

（2）干拖。日常清洁地面时，尽量采用干拖，少用湿拖，局部较脏或有污迹时，可用家用清洁剂，如洗洁精、洗衣粉等或用除污剂进行清洗。

（3）上蜡。清洁时要根据使用情况定期或不定期地涂上地砖蜡，待其干后再抹亮，可保持砖面光亮如新，如果经济条件较好，可采用晶面处理，从而达到商业酒店的效果。

4.6 坚固华丽的石材

人造石材相较于天然石材，不论是在装饰效果、产品价格还是适用范围等方面都显示出极大的优越性。

装饰石材包括天然石材与人造石材两类，天然石材是一种拥有悠久历史的建筑装饰材料，它不仅具有较高的强度、硬度、耐久性、耐磨性等优良性能，而且能对建筑物起到保护和装饰的双重作用。

4.6.1 天然石材种类繁多

生活中人们接触较多的天然石材有大理石以及花岗石两种。

大理石并不只是单指大理岩，而是指具有装饰功能，可以磨平、抛光的各种碳酸盐类岩石，以及某些含有少量碳酸盐的硅酸盐类岩石。花岗石也并非单指花岗岩，而是指具有装饰功能，可以磨平、抛光的各种岩浆岩石。

1. 天然大理石

天然大理石可制成高级工程的装饰面板，用于展览馆、影剧院、宾馆、商场、图书馆等公共建筑工程的室内墙面、柱面、栏杆、地面、窗台板、服务台、电梯间的饰面等。

↑酒店电梯间墙地面

大理石结构致密、抗压强度高、吸水率高、耐磨性好、耐久性好。所以非常适合人流量密集的同时对地面要求比较高的酒店使用。

↑碎拼大理石

碎拼大理石可以根据石材的边角料灵活地拼接出造型别致的地面花纹。

用大理石的边角料可以做成“碎拼大理石”的墙面或者地面，这种做法也是别有风韵。大理石的边角料可以加工成规则的正方形、长方形，用来装点高级建筑的庭院、走廊等部位，为建筑增添一抹亮丽的风景。

2. 天然花岗石

天然花岗岩可以用于室内窗台板、厨房料理台台面、吧台台面、洗手台台面等地的装饰。磨光花岗岩板的装饰特点是华丽而庄重的，非常适合装修风格大气的美式、欧式等房屋的装饰装修。

←花岗岩的样式

天然花岗岩具有结构致密、质地坚硬、耐腐蚀性强等特点。近几年新出的花岗岩的种类有山东的“樱桃红”、广西的“贵妃红”等产品。

←花岗岩台面

花岗岩因为其吸水率好的优点，所以非常适合作为室内厨房等用水频率较高的地方。

4.6.2 时尚产品人造石材

人造石材是用非天然的混合物如树脂、水泥、玻璃珠、铝石粉等加碎石黏合剂制成的，人造石是一种新型的复合材料，是用不饱和聚脂树脂与填料、颜料混合，加入少量引发剂，经一定的加工程序制成的。在制造过程中配以不同的色料可制成具有色彩艳丽、光泽如玉酷似天然大理石的制品。

人造石材由于具有无毒性、无放射性、阻燃性、不粘油、不渗污、抗菌防霉、耐磨、耐冲击、易保养、拼接无缝、任意造型等优点，所以适用于普通的各种台面、水槽、家具应用、卫浴应用等。

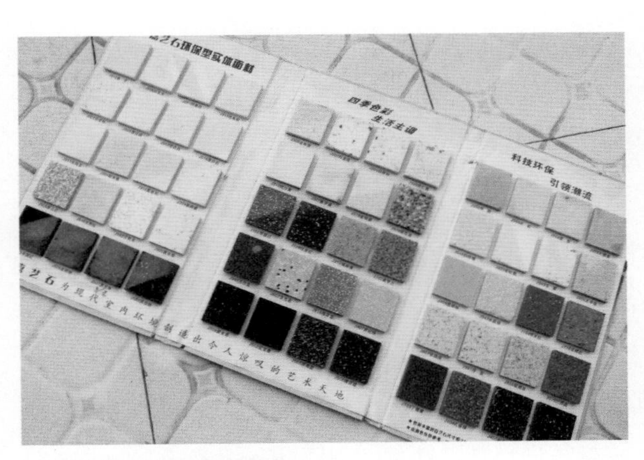

←人造大理石样式

人造大理石没有色差与纹理方面的差异，在一般情况下，人造石材的表面没有孔隙、油污、砂眼等缺陷，水渍不易渗入其中。

←人造石材装饰面

人造石材成本很低，一般只有天然石材的 10%～20%。对于家庭装修来说十分的经济实惠。

人造石在安装加工时会产生很大的粉尘，这也是鉴别人造石是否存在污染的关键环节，切割时产生的粉尘如果含有很刺鼻的气味，则说明人造石中固化的胶水不环保，会在使用过程中缓慢释放有毒物质。

4.7 砖石材料中的有害物质

建筑陶瓷、日用陶瓷、电瓷等是用黏土及其他天然矿物原料经过粉碎加工、成型、煅烧等过程制成。由于它使用的原料主要是硅酸矿物，所以属于硅酸盐类材料。

随着瓷砖品种越来越丰富，随之而来的是充满质疑的声音：瓷砖对人体有严重的危害。作为消费者听到这样的消息当然是非常恐惧的，但是，瓷砖毕竟是装修的必要材料，所以不能危言耸听，但是也不能忽略这个问题，要科学地去看待这个问题。

4.7.1 瓷砖中存在的污染

陶瓷制品的原料是天然黏土。黏土是由天然岩石经长期风化而成的，它是多种矿物的混合体，组成黏土的矿物，称为黏土矿物。常见的黏土矿物有高岭石、蒙脱石、水云母等，它们都是具有层状结晶结构的含水硅铝酸盐。此外，黏土中还含有石英、长石、铁矿物、碳酸盐、碱及有机物等多种杂质，因此，组成陶瓷制品的原料也含有放射性元素。

↑ 瓷砖卖场

瓷砖款式多样、风格明确，易于打理是现在家庭装修中必不可少的装饰装修材料。

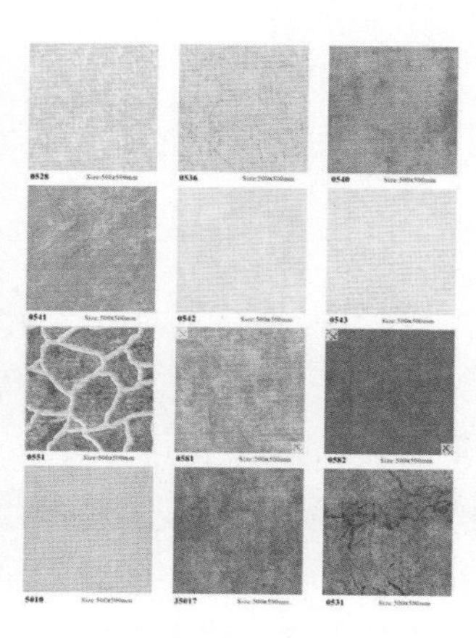

↑ 丰富多彩的釉面砖

釉面砖花色丰富，防潮性能好，是厨房及卫生间墙面装修材料的宠儿。

在前文中所说的釉面砖，之所以称为“釉面”就是因为厂家在瓷砖的表面涂了一层“釉料”，釉料的作用是为了能够更加方便清洁。

陶瓷色料有的被加上了锆英砂作为乳蚀剂，而锆英砂中就含有一定量的天然放射性核素。

4.7.2　石材中的有害物质及其危害

包括天然大理石、花岗岩，还有其他石材在内的天然石材都具有一定的放射性物质。天然石材的放射性核素对人体的危害有内辐射与外辐射之分。

内辐射主要有来自放射性辐射在空气中的衰变，是核放射出电离辐射以后，以食物、水、大气为媒介，摄入人体后自发衰变，形成的一种放射性物质氡及其子体，被人吸入肺中，对人的呼吸系统造成伤害。

外辐射主要是指天然石材中的放射性核素在衰变过程中，放射出电离辐射 α 射线、β 射线、γ 射线直接照射人体，然后在人体内产生一种生物效果，对人体内的造血器官、神经系统、生殖系统和消化系统造成损伤。而建筑装饰装修材料中的放射性污染主要是氡的污染，是国家目前室内环境标准中主要控制的污染物质之一。

↑花岗岩

花岗岩外观色泽可以保持上百年，所以是室外装饰材料的最佳选择。

↑花岗岩地砖

花岗岩地砖作为室外砖使用的频率比室内砖高。

石材中的氡对人体的伤害主要是以内辐射为主，氡被吸入肺中，会在支气管和肺泡内衰变而放射出一组半衰期虽短，但是却能破坏细胞组织，损坏DNA，产生癌变，甚至产生基因突变电离辐射，诱发的基因突变同样可以遗传，产生有缺陷的后代。氡诱发肺癌的潜伏期大多都在15年以上，世界上有1/5的肺癌患者与氡有关。

氡及其子体在衰变时还会产生穿透力极强的 γ 射线，对人体造成外照射。长期生活在 γ 辐射场的环境中，就有可能对人的血液循环系统造成危害，如白细胞和血小板减少，严重的还会诱发白血病。

4.7.3 砖石材料的选用妙招

对于瓷砖和石材中的污染物消费者也不必过于担心，不要谈之色变，以下就教给大家几个挑选优质墙地面装饰材料的小妙招。

1. 关注类别

首先，对于之前所说的 “釉面砖”，只要在挑选材料时选择A类标准的正规厂家生产的正规的品牌瓷砖，一般是不会出现辐射超标的问题的。同时在挑选釉面砖时还要注意，有些厂家为了让深色釉面砖显得好看、亮丽，会添加一些重金属元素，所以一般情况下，颜色越深的瓷砖放射性越大，在釉面砖中，红色釉面砖的辐射最大。

瓷砖中的一些放射性元素是不可避免的，所以也不要过于惊慌。经过国家的检验合格的瓷砖对人体是没有危害的，只要在选择时选择正规的品牌，就可以放心使用。

↑深色釉面砖

在瓷砖的选择上不要选颜色过深的，也不要选过白的，选择颜色自然的最好。

↑各种人造石材

人造石材的花样多、品种全、纹路美，具有天然石材的优质品质同时又没有辐射，是天然石材最好不过的替代品。

2. 合理选用人造石材

人造石材相对于天然石材来说没有太大的辐射问题，所以想要拥有大理石或花岗岩的质感的装修家庭，可以选择人造石材。但是人造石材也不一定就会安全，因为人造大理石是人为制造而成的，所以有些不良商家为了赚取更多的利益，会在制造过程中选择劣质材料，从而制造出对人体有害的劣质人造石材。

当然也不必草木皆兵，只要是在正规的卖场购买正规的人造石材产品，一般都是经过了国家的质量检验的，所以一般不会出现什么问题，只要消费者不贪图小便宜，买“三无”产品。就不用担心。

4.8 墙地砖铺装正确的施工步骤

地砖是可以铺在墙上的，墙砖不能铺在地上，因为墙砖的密度不够高，铺在地上容易破裂。但是如今的陶瓷砖产品质量越来越好，很多产品不分墙地面，在选购时要向商家询问清楚。

4.8.1 墙面砖铺装施工步骤

↑陶瓷砖水中浸泡 2h

↑墙面放线定位并涂刷无醛 901 胶水

↑墙面浸湿并预铺装

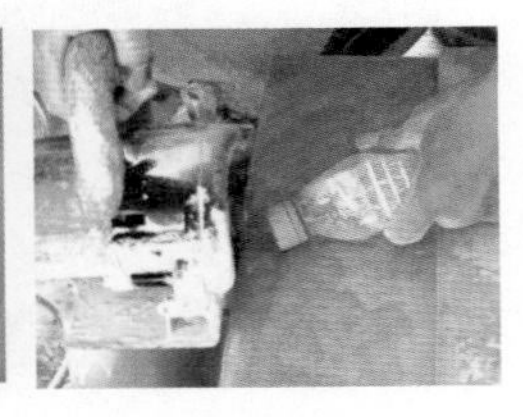

↑根据尺寸切割

↑瓷砖背面涂抹素水泥或瓷砖胶

↑瓷砖贴上墙

↑调整表面平整度

↑校正平整度

↑橡皮锤敲击平整度

↑切割出开关插座面板

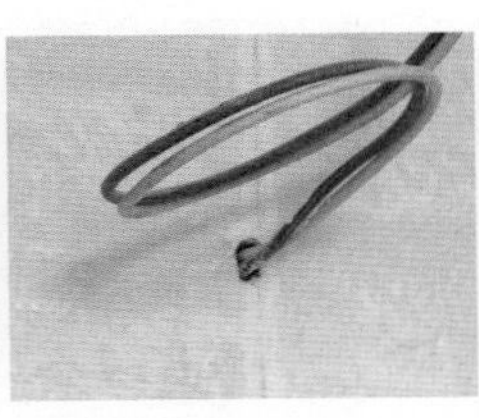

↑留出电线孔洞

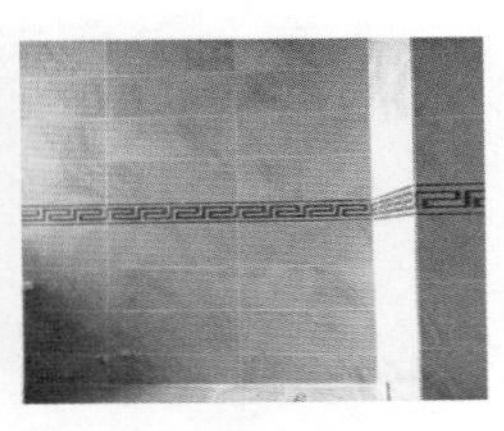

↑铺贴完毕并填缝

4.8.2 地面砖铺装施工步骤

地面装与石材的铺装方式一致，下面介绍施工步骤。

↑ 地面清扫干净

↑ 陶瓷砖在水中浸泡 2 小时

↑ 干质水泥砂浆地面铺装

↑ 预铺装

↑ 瓷砖背面湿质素水泥或瓷砖胶

↑ 对齐铺贴

↑ 橡皮锤敲击平整度

↑ 校正平整度

↑ 铺贴完毕并填缝

4.8.3 马赛克铺装施工步骤

↑ 墙面涂抹刮平专用瓷砖胶

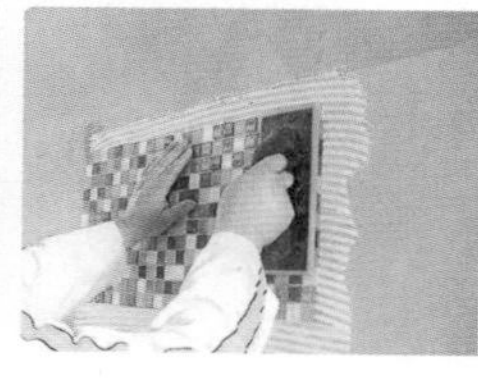

↑ 马赛克铺贴整平

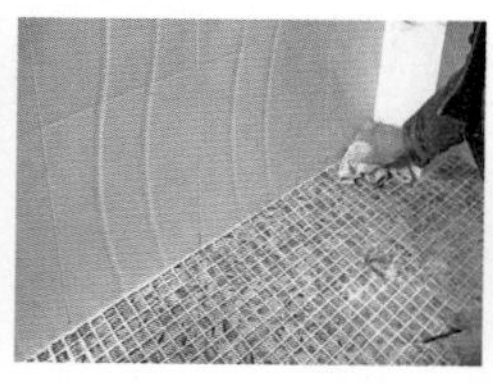

↑ 修饰填缝

↑ 剪开开关插座孔

4.8.4 瓷砖美缝施工步骤

想追求更好的视觉效果和卫生环境，可以在陶瓷砖、石材等材料铺贴完毕后制作美缝，注意如果要做美缝，就不要用传统填缝剂，也不要在缝隙中填水泥，保持缝隙均衡、干净即可。

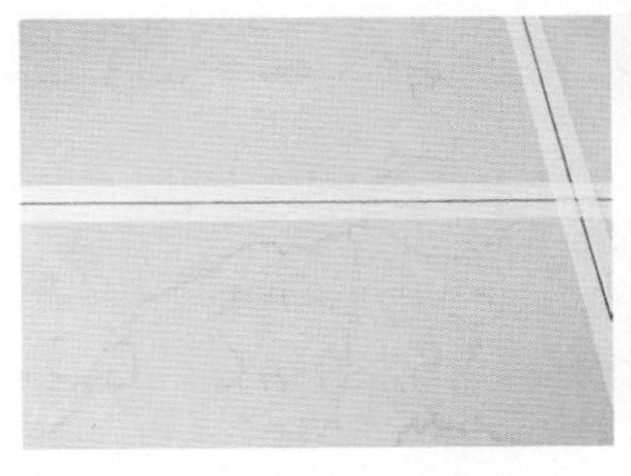

↑用美纹纸贴好缝隙边缘

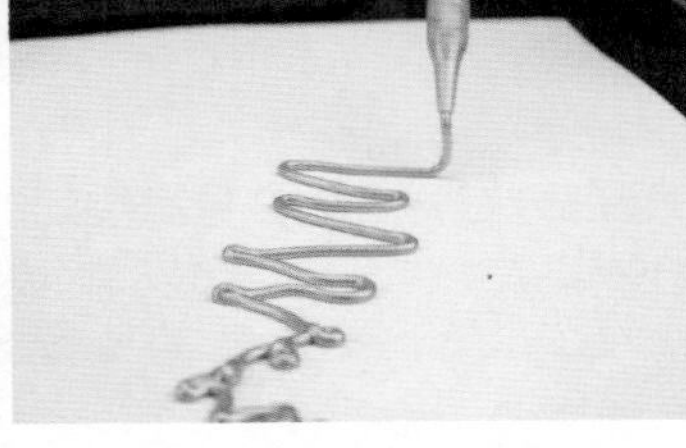

↑美缝剂混合后试积压出观察混合效果

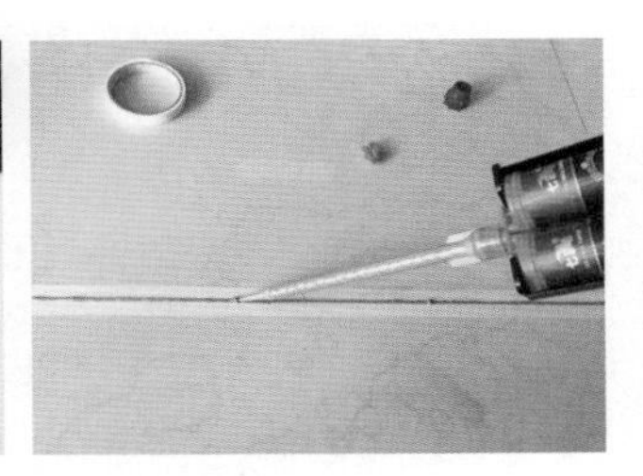

↑注入缝隙中

↑用金属球赶压整齐

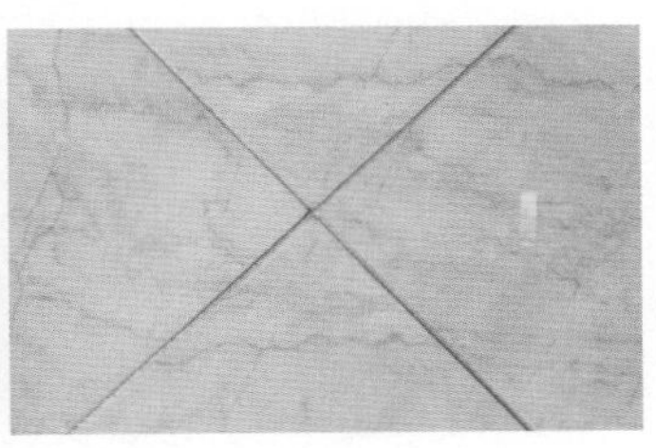

↑揭开美纹纸，完成

↑马赛克铺装的卫生间

马赛克用于卫生间通风良好的外部干区，不宜用于淋浴湿，否则缝隙容易滋生细菌污染环境。

←墙地砖铺装的厨房

右图：经常使用的厨房应当铺贴大块墙地砖，缝隙越小越好，但是必须保留至少2mm的缝隙，满足陶瓷材料的缩胀性，否则容易起翘开裂或脱落，但是缝隙太大又容易藏污纳垢，污染室内环境，可以选择进行美缝处理。

◎本章小结

无论是瓷砖还是石材，能在正规的市场上见到的大多数产品都是经过了国家的质量检验的，所以绝大多数的放射性辐射强度都比较小，有的甚至可以忽略不计，所以消费者完全可以不必草木皆兵，不敢使用瓷砖、石材。

以下为部分石材放射性分类控制的数据，可以作为消费者挑选石材时的依据（见表4-1）。

表4-1　　我国市场部分石材放射性分类控制的数据

石材名称	钍的含量（Ba/kg）	钾的含量（Ba/kg）	镭的含量（Ba/kg）	产品类型
三宝红	128.0	1545.0	71.8	B类
南非红	142.6	1328.0	49.8	B类
马兰红	189.5	1196.0	102.7	B类
菊花黄	29.2	1455.0	12.5	A类
樱花红	104.5	1205.8	104.7	B类
香港红	91.8	1191.0	132.8	B类
粉红岗	170.8	1520.0	147.5	B类
丁香紫	110.0	1610.0	116.0	B类
虎贝	104.0	1608.0	71.0	B类

★小贴士

砖石材料放射性分类

砖石产品根据其放射性水平可被认证为以下 2 类。

（1）A 类，使用范围不受限制；

（2）B 类，不可用于住宅、老年公寓、托儿所、医院和学校等 I 类民用建筑的内饰面，但可用于 I 类民用建筑的外饰面和其他一切建筑物的内外饰面。

第5章

胶粘剂的挑选要慎重

识读难度： ★★★☆☆

核心概念： 组成、分类、种类

章节导读： 胶粘剂是在装饰装修工程中不可缺少的一种连接组合材料，它是指具有良好的黏结性能，能够把两种相同的或者是不同的材料紧密牢固地黏结在一起的一种非金属物质。胶粘剂的使用在我国已经有了上千年的历史了。现代胶粘剂一般多为有机合成材料，它一般由黏结料、固化剂、增韧剂、稀释剂、填料及改性剂等物质组成。

5.1 解密胶粘剂的构成

热塑性树脂及合成橡胶不能作为结构胶粘剂使用，因为它们是可溶性物质或是缺乏一定刚性，会出现蠕变的现象。所以在两种黏结材料配合使用时要分清楚它们会产生什么样的效果。

5.1.1 黏结料的主要成分

黏结料也就是黏结物质，一般被称为“黏料”，它是黏结剂中最基本的主要组分，起着黏结的作用。在装饰装修工程中所要使用到的黏结料一般分为三种即热固性树脂、热塑性树脂以及合成橡胶。

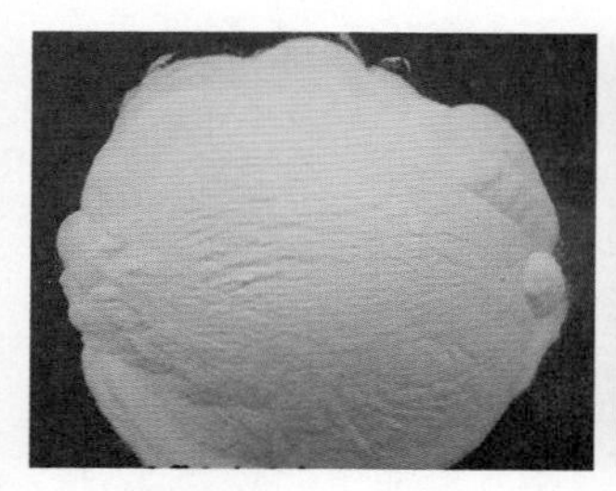

↑热固性树脂

热固性树脂是指树脂在加热之后发生化学变化，逐渐硬化成型，之后再受热也不会软化、遇水不会溶解的一种树脂。

↑热塑性树脂

热塑性树脂是指树脂在受热时会软化，在冷却之后硬化，并且不会起化学反应，无论重复加热和冷却多少次都能保持这种性能的一种树脂。

↑合成橡胶

合成橡胶是三大合成材料之一，常被称为合成弹性体，工业合成橡胶材料不仅节约了成本同时还提高了橡胶制品的特性。

在装修中所使用的胶粘剂要根据不同的用途及不同的环境来选择，有时可以根据具体的情况选择热固性、热塑性黏结剂配合使用。

5.1.2　快速干燥的固化剂

在胶粘剂中加入固化剂是为了使某些线型高分子化合物与固化剂交联成网状或体型结构，使胶粘剂迅速硬化。因此固化剂是一种促使黏结料进行化学反应、加快胶黏剂固化的一种试剂。

有的胶黏剂如果不在其中加入适量适宜的固化剂本身是不会变成坚硬的固体的，所以对于某些胶黏剂来说固化剂也是主要组成成分。

5.1.3　增强性能的增塑剂、增韧剂

增塑剂和增韧剂的加入是为了改善黏结层的韧性，提高胶粘接头的抗冲击强度、抗剥离、耐寒性的一种试剂。

5.1.4　延缓干燥的稀释剂

稀释剂常被称为溶剂，主要是对黏结剂起到稀释、分散以及降低黏度的作用，同时提高胶黏剂的湿润性和流动性。常用的稀释剂有丙酮、苯、甲苯等，因此胶黏剂中的有毒物质往往是稀释剂所带来的。

5.1.5　填充间隙的填充料

填充料一般不会在胶粘剂中产生化学反应，所以一般不用担心它会带来环境的污染。加入适量的填充料能够改善胶粘剂的机械性能，常用的填充料有银粉、铁粉等。

↑ 固化剂

固化剂又被称为硬化剂，是一种增进或控制固化但因的物质或混合物。

↑ 增韧剂

增韧剂是指能增加胶粘剂膜层柔韧性的物质。

↑ 铁粉

在胶粘剂中加入导磁性能良好的铁粉，可以配制出专门用途的导电胶粘剂或导磁胶粘剂。

5.2 装修中用到的胶粘剂

由于胶粘剂的种类繁多，它的性能和适用场合不同，所以根据胶粘剂和被粘物的性质，结合使用条件及环境，要选择适当稳妥的胶粘剂。

5.2.1 壁纸壁布胶粘剂

壁纸胶是一种用来粘住墙纸的粘胶制品，保证墙纸的粘贴性和使用寿命是基本功能，同时还要求产品环保无害。

1. 糯米胶

糯米胶是目前性价比较高的壁纸胶，广泛用于家庭墙纸铺贴，优质糯米胶通过了欧盟环保检测，已达到可食用级别。

↑糯米胶

糯米胶适用于各种墙纸及墙布，尤其适用于粘贴金属特殊墙纸。

↑糯米胶的使用

糯米胶兑水后即可使用，呈白色固体状，且黏度高，施工便利。

2. 功能较

功能胶主要包括防霉胶、柏宁胶等，能够针对性地解决墙纸施工难题，环保性也达到国家绿色十环认证，并且无须兑水，可直接使用。

3. 801胶

801胶所配制的涂料的附着力和防水性能相比较同类产品有很大的提高，801

胶主要用于房屋内外墙和地面涂料的胶料，同时在室内装饰装修过程中也常用于墙布、墙纸、瓷砖及水泥制品等的粘贴。

↑柏宁胶

柏宁胶在施工时无须再兑水，黏结力持久，抗冻性强。

↑ 801 胶

801 胶的储存期较短，使用时要注意时间上的把控。

4. 胶粉

胶粉一般用于工程墙纸铺贴，环保度较高，但是调配复杂，比例不好掌握。

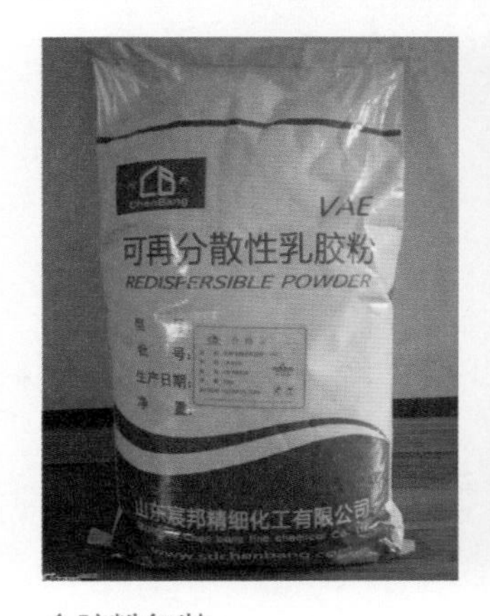

↑胶粉包装

胶粉由具有防水性能的无纺布包装而成，包装上会注明相关产品信息。

↑胶粉

胶粉呈白色粉片状，调配融合后可用于墙面壁纸铺贴，牢固性较强。

5. 淀粉胶

淀粉胶是早期比较常见的一种壁纸粘贴胶剂，淀粉胶一般由淀粉和胶浆双组份组成，在使用时先将淀粉与水兑匀，然后再在其中加入胶浆混合均匀，淀粉本身其成分是环保的。所以淀粉胶的污染成分也主要集中在了胶浆组分中，在选购时看清胶浆的生产信息，一般原料以薯类、玉米为主，避免选择刺鼻气味浓重的合成淀粉产品。

5.2.2 传统万用的白乳胶

白乳胶是用途最广、用量最大、历史最悠久的水溶性胶粘剂，具有成膜性好、黏结强度高，固化速度快、耐稀酸稀碱性好、使用方便、价格便宜、不含有机溶剂等特点。

↑白乳胶

白乳胶可以说是用途最广、用量最大、使用的历史最悠久的一种乳液类胶粘剂，白乳胶广泛应用于木材、家具、装修、印刷、纺织、皮革、造纸等行业。

↑白乳胶搅拌

搅拌白乳胶时要沿着顺时针方向搅拌，以使白乳胶可以搅拌均匀。

正确选购白乳胶

（1）看黏合强度。判断环保型白乳胶黏合强度是否合格，可将两块被粘材料沿粘合界面撕开，看其表面被粘材料是否被破坏。

（2）查看不同温度下是否有脱胶。有时性能较差的环保型白乳胶在高温或低温环境下存放一段时间以后会出现脱胶、胶膜发脆等现象，因此有必要做高温热变及低温脆变实验来判定其质量是否可靠。

←白乳胶检测

取两件样品，涂刷白乳胶，将其沿粘合界面撕开，若发现撕开后被粘材料遭到破坏，则证明黏合强度足够；若只是黏合界面分开，则表明环保型白乳胶强度不足。

5.2.3 玻璃胶与有机玻璃胶

在装饰装修工程中所用的玻璃及有机玻璃胶品种繁多。

1. 玻璃胶

玻璃胶是将各种玻璃与其他基材进行黏结和密封的材料，一般来说玻璃胶主要分成两大类，一类是硅酮胶；另一类是聚氨酯胶。

↑硅酮胶

硅酮胶是一种类似软膏，一旦接触空气中的水分就会固化成一种坚韧的橡胶类固体的材料。

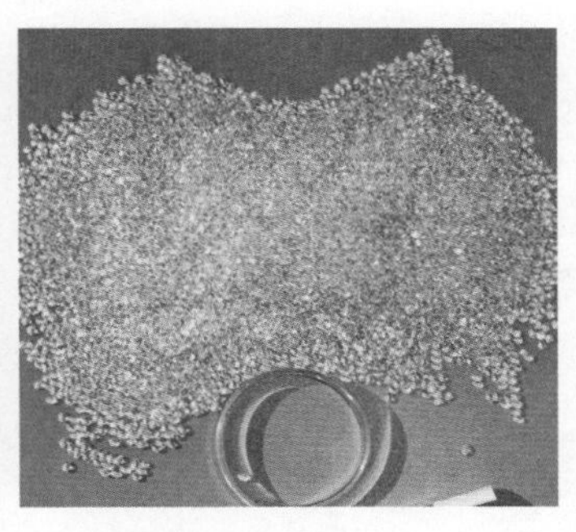

↑聚氨酯胶

聚氨酯胶是一种具有高强度、抗撕裂、耐磨等特性的高分子材料。

在使用玻璃胶时，打胶要细心，顺着一条线一次性完成，不要有停顿，用力要均匀，一次性打到位。打胶时要做好对打胶缝隙两边的保护工作，在缝隙两边的玻璃、型材、石材等上面贴上一段胶纸，贴胶纸是为了对两边的玻璃、型材、石材等起到保护作用，同时也对修正缝隙里面的胶有很大的方便之处。

2. 有机玻璃胶

有机玻璃胶具有温室固化、操作方便、黏结强度高、快速定位、高弹性等优点，同时具有优异的耐水、耐热、耐寒、耐老化、耐酸碱、耐腐蚀性、耐油和无白化等优良特性。

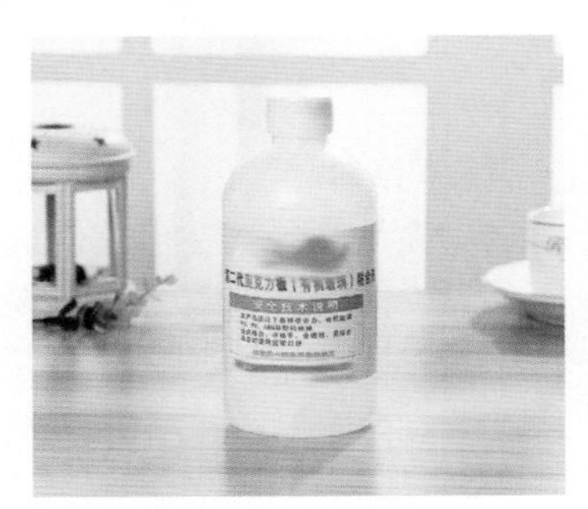

←有机玻璃胶

所有的亚克力粘接剂都能腐蚀亚克力板的表面，并留下难以消除的痕迹，因此可以用贴不干胶的方法来保护不需粘接的部位。

5.2.4 强劲有力的砖石胶

砖石胶主要用于大理石、瓷砖粘贴，砖石胶具有黏结强度高，能改善水泥砂浆的黏结力，并能够提高水泥砂浆的防水性，同时具有耐水、耐化学侵蚀、耐气候，操作方便、价格低廉等特点。在室内装饰装修中用的大理石、瓷砖胶粘剂种类繁多。

1. 云石胶

云石胶是由环氧树脂和不饱和树脂两种原料制作而成，云石胶具有硬度高、韧性强、快速固化、耐候性好、耐腐蚀性突出等特点。

2. 瓷砖胶

瓷砖胶，既被称为瓷砖黏合剂又被称为粘胶泥。是现在室内装饰装修中必不可少的一种胶粘剂。瓷砖胶用途广泛，主要是用于面砖、瓷砖、地砖等装饰材料。

↑云石胶

云石胶柔化细腻，拉出的胶线长，现在已经得到了我国北方用户的青睐。

↑瓷砖胶

使用瓷砖胶可以比使用水泥多节约空间，瓷砖胶只要薄薄的一层便可将瓷砖牢牢地固定在地面或者墙面上。

3. 填缝剂

瓷砖填缝剂是一种粉末状的物质，是瓷砖胶的配套使用材料，具有良好的耐水性，主要适用于各种瓷砖的填缝，也可用于游泳池中瓷砖的填缝。

←瓷砖填缝剂

瓷砖贴完之后不要马上使用瓷砖填缝剂，一般瓷砖填缝剂都是在室内装修全部完成之后再使用的，目的是为了防止瓷砖填缝剂变脏。

5.2.5 无所不能的万能胶

万能胶又名107胶，为无色透明溶液，易溶于水，在建筑业有广泛应用，如用于黏结瓷砖、壁纸、外墙饰面等。

1. 氯丁万能胶

氯丁阻燃万能胶是一种应用于建筑装饰行业的材料，使用性能好，在−22～25℃的情况下也不冻结，气味小、涂刷省力、黏结力强、快干省时、阻燃。

2. 喷刷万能胶

喷刷万能胶无毒环保，黏度低，能用喷枪喷涂，省胶且能大大提高施工效率。

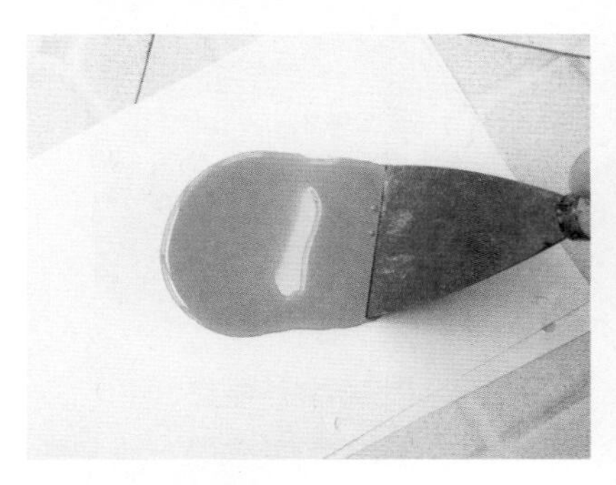

↑氯丁阻燃万能胶

氯丁阻燃万能胶黏结广泛，可适用于各种板材、防火板及金属板，还可应用于皮革、橡胶、塑料等行业，抗老化性比一般的万能胶要好。

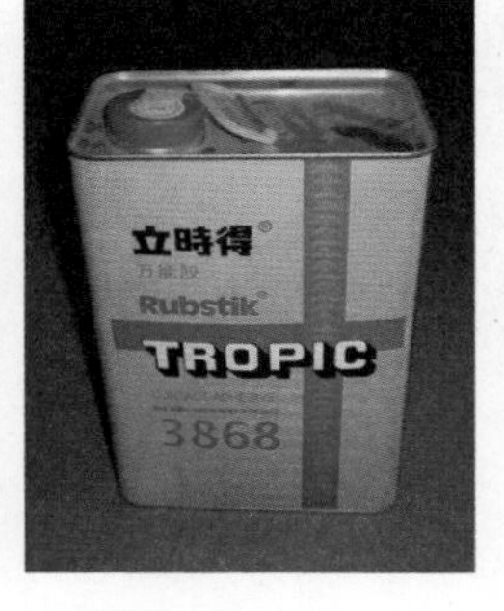

↑喷刷万能胶

喷刷万能胶因其环保性能较高，各方面性能也十分不错，目前在市场上的应用频率也较高。

3. 溶剂油型无苯毒快干万能胶

溶剂油型无苯毒快干万能胶是无苯毒、无卤烃类的黏合剂，符合国家要求标准，不怕水泡。耐酸、碱、黏结强度很高，干得快，节省施工工时，可做印刷附膜胶。

←溶剂油型无苯毒快干万能胶

溶剂油型无苯毒快干万能胶耐酸、碱、黏结强度很高，干得快，节省施工工时，可做印刷附膜胶。

4. 特级万能胶

特级万能胶属于低毒万能胶的绿色产品，是一种无苯低毒万能胶。

5. 水性防腐万能胶

水性防腐万能胶具有防腐蚀功能，能用水调和。

↑特级万能胶

特级万能胶毒性在可控范围内，和其他万能胶一样，广泛应用于建筑装修中，价格因品牌而有所不同。

↑水性防腐万能胶

水性防腐万能胶是一种具有耐水、防腐、无污染、性能优良且适用范围广泛的万能胶，黏结力强，使用寿命可达 10 年以上。

6. 环保型建筑防水万能胶

环保型建筑防水万能胶属于一种绿色环保型的强力建筑防水多功能胶，具有无毒害，生产无三废，黏结力强等特点，且有极佳的防水性和渗透性。

7. 正确选购万能胶

（1）从多方面考虑。在选购万能胶时要考虑到使用时的条件因素，例如温度、湿度、化学介质及户外环境等，选择最合适的万能胶。

（2）选环保产品。在选购万能胶时首先要考虑的就是其环保性能是否达标，可以查看相关产品信息、产品级别，多方面考虑后再购买。

万能胶的强度普遍不高，用得最多的黏结材料是塑料、皮革、布料、纸张等轻质材质，但是这些材质的装修材料在整个装修中比重又是最大的，所以将它称为万能胶。

5.3 胶粘剂中的有毒物质及其危害

胶粘剂中的溶剂是用来降低胶粘剂的黏度，使胶粘剂具有良好的浸透力，改进工艺性能的。常用溶剂中的挥发性有机化合物、苯、甲苯、二甲苯、甲醛和甲苯二异氰酸酯的毒性较大，对人体健康危害严重。

5.3.1 挥发性有机化合物

胶粘剂中挥发性有机化合物见表5-1。

表5-1　胶粘剂中的挥发性有机化合物

序号	胶粘剂名称	所含污染物质
1	溶剂型胶粘剂	有机溶剂
2	三醛胶	游离甲醛
3	不饱和聚酯粘胶	苯乙烯
4	丙烯酸酯乳液胶	未反应单体
5	改性丙烯酸酯快固结构胶	甲基丙烯酸甲酯
6	聚氨酯胶	多异氰酸酯
7	氰基丙烯酸酯胶	二氧化硫
8	4115建筑胶	甲醇
9	丙烯酸酯乳液	氨水

以上这些易挥发性的物质排放到大气中，不仅对人体健康会产生影响，同时有些物质还会对自然环境产生相当大的破坏。

←甲醇

甲醇的毒性对人体的神经系统和血液系统影响最大，它经消化道、呼吸道或皮肤摄入都会产生毒性反应，甲醇蒸汽能损害人的呼吸道黏膜和视力。

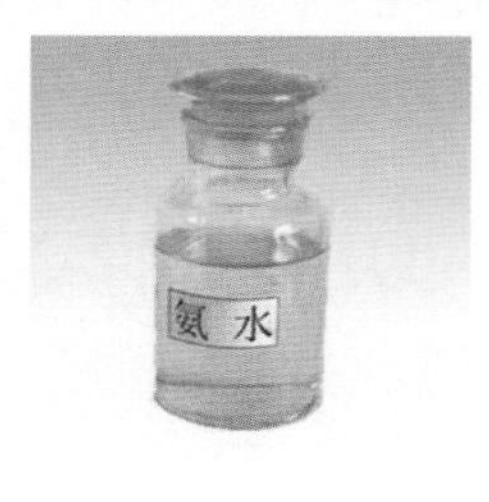

←氨水

吸入后对鼻、喉和肺有刺激性，引起咳嗽、气短和哮喘等。

5.3.2 苯

苯的蒸汽具有芳香味，但是对人体却有强烈的毒性，不管是吸入还是只经过皮肤接触都可中毒，使人眩晕、头痛、乏力，严重时甚至会因为呼吸中枢神经痉挛而死亡。苯早已被国家列入到致癌物质列表中。

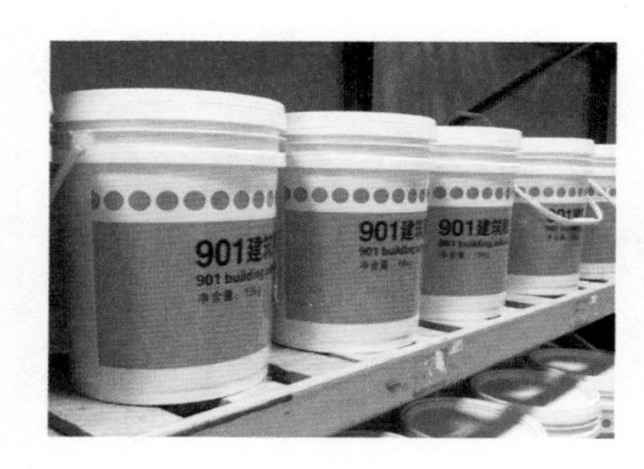

←901 建筑胶水

市场上的胶粘剂一般都会写不含苯，但是苯作为能够提高胶粘剂性能的物质，还是会被很多不良商家加入到产品中。

5.3.3 甲苯

甲苯具有强大的毒性，对皮肤和黏膜有较强的刺激性作用，对神经系统作用比苯强，长期接触会有引起膀胱癌的可能。但甲苯会被氧化成苯甲酸，与甘氨酸形成马尿酸排出，所以对血液无毒。

短期吸入甲苯，眼部及上呼吸道会出现明显的刺激作用，出现眼结膜以及眼部充血、头晕、头痛、四肢无力等症状。

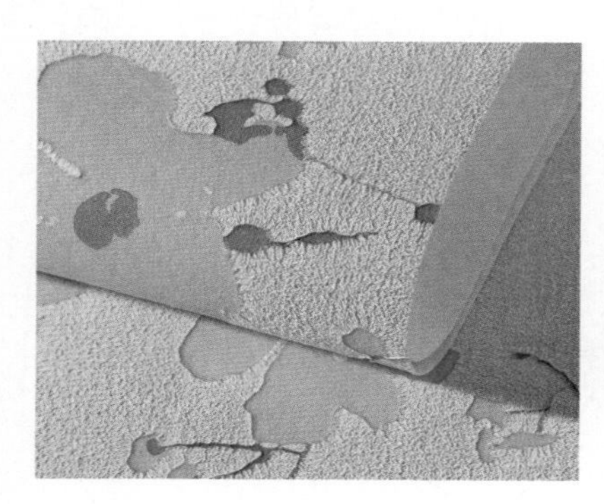

←壁纸胶中的甲苯

为了让壁纸能够更好地和墙壁黏结在一起，同时也为了让它有更好的渗透性，会在壁纸中面加入甲苯等物质来增加壁纸胶的性能。

5.3.4　甲醛

各种胶粘剂中之所以含有大量的甲醛是因为甲醛和尿素在催化剂的作用下，经过一定的化学反应可以得到一种物质——脲醛树脂。

由于脲醛树脂原料丰富、生产工艺简单、成本低廉、黏合强度高，由其制成的黏合剂用途十分广泛。尤其是在木材加工业中，制造各种人造板材所使用的黏合剂有90%都是用脲醛树脂及其经过改性的产品制成的。

←脲醛胶粉

甲醛和尿素生成脲醛树脂的这一过程是可逆的，也就是说在一定条件下脲醛树脂又可以分解出甲醛，所以使用脲醛树脂制造的人造板材释放甲醛的周期也会比较长，可以达 3 ~ 15 年。很多脲醛胶粉产品包装上标注“绿色”，但是要认清成分，不要被表象所迷惑。

5.3.5　二甲苯

二甲苯对眼及上呼吸道有刺激作用，高浓度时，对中枢系统有麻痹作用。长期接触会诱发神经衰弱综合征，女性有可能导致月经异常。皮肤接触常发生皮肤干燥、皲裂、皮炎。工业用甲苯中常含有苯等杂质。

↑美缝剂

油性美缝剂在制造时须加入甲苯、二甲苯等有机溶剂稀释。

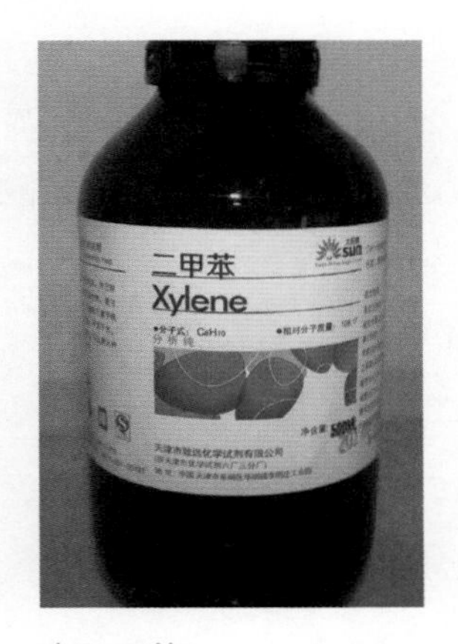

↑二甲苯

二甲苯对人体的危害极大，对眼部及上呼吸道黏膜有刺激作用。

5.4 装修胶粘剂的选用妙招

绝大多数装修胶粘剂是快速挥发性溶剂材料，即快干材料，在干燥过程中散发的有害物质很大，达到整个胶粘剂的90%以上，完全干燥后缓慢释放有害物质的周期不超过1年。

因为市场上胶粘剂的品质良莠不齐，所以国家针对这一现象出台了GB 18583—2008《室内装饰装修材料·胶粘剂中有害物质限量》文件，规定中将室内装修用的胶粘剂中有害物质做了限量和明确规定（见表5-2～表5-4）。

表5-2　　胶粘剂中总挥发性有机物的限量　　单位：mg/L

项目	指标
总挥发性有机物	≤100

表5-3　　溶剂型胶粘剂中有害物质的限量　　单位：mg/L

序号	项目	指标			
		氯丁橡胶胶粘剂	SBS胶粘剂	聚氨酯类胶粘剂	其他胶粘剂
1	甲醛		≤0.5	—	—
2	苯		≤5.0		
3	甲苯十二苯	≤200	≤150	≤150	≤150
4	甲苯二乙氰酸酯	—	—	≤10	—
5	二氯甲烷		≤50		
6	1，2二氯甲烷				
7	2，2二氯甲烷	总量≤5.0	总量≤5.0	—	≤50
8	三氯乙烯				
9	总挥发性有机物	≤700	≤650	≤700	≤700

表5-4 水基型胶粘剂中有害物质的限量 单位：mg/L

序号	项目	指标				
		缩甲醛类胶粘剂	聚乙酸乙烯酯胶粘剂	橡胶类胶粘剂	聚氨酯类胶粘剂	其他胶粘剂
1	甲醛	≤1.0	≤1.0	≤1.0	—	≤1.0
2	苯	—	—	≤0.2	—	—
3	甲苯十二甲苯	—	—	≤10	—	—
4	总挥发性有机物	≤350	≤110	≤250	≤100	≤350

5.4.1 胶粘剂外包装识读

对于市场上没有标明品名、产地、厂名、规格、出厂日期等信息的“三无”产品千万不要选，因为这种胶都是一些没有生产许可证的小作坊生产出来的。下面以墙纸胶粉为例，介绍胶粘剂的外包装信息与产品质量。

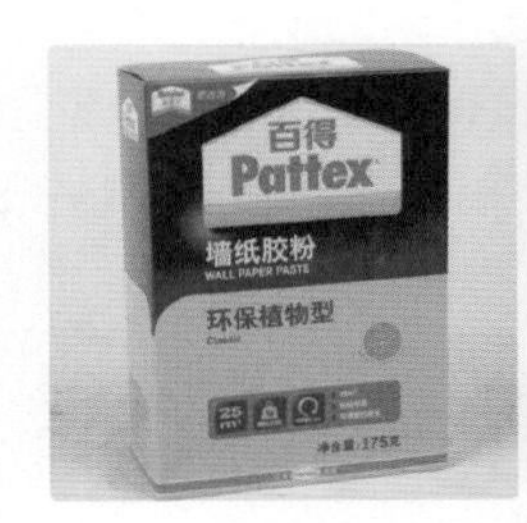

↑查看外包装的完整度

↑注意识别环保标志

↑注意鉴定联系电话

↑识读生产厂商与地点

↑商品条码

↑防伪条码与号码

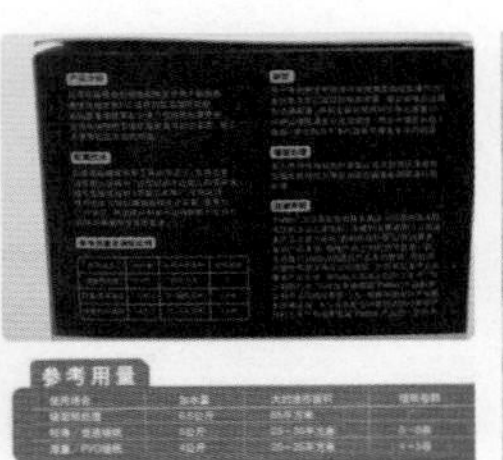

↑详细的使用说明

↑产品质地均衡无杂质

5.4.2 正确选购装修胶粘剂

虽说胶粘剂中或多或少都会掺杂一些化学物质，但是消费者也不必草木皆兵，只要挑选到对的胶粘剂，那么就不必过于担心室内空气污染的问题。

1. 看品牌

市场上劣质的胶水使用寿命不长，同时它含有的有毒物质较多，对人体健康的影响非常大。所以在挑选胶粘剂时要选择大品牌的知名度较高的产品。

2. 比价格

挑选优质胶粘剂的另一个比较直观的方法就是比价格，众所周知便宜无好货，便宜的胶粘剂为了节省成本增加胶粘剂的使用性能一般会添加一些有毒有害物质，所以在选择胶粘剂时尽量不要选择过于便宜的产品。

3. 闻气味

优质的胶粘剂的气味比较温和，劣质的胶粘剂有刺鼻的气味。

4. 试一试

在挑选胶粘剂时，对于一些标明可以接触皮肤、无刺激、无污染的胶粘剂可以尝试涂抹一点在手背处，观察有没有刺痛不舒服的症状，如果没有那么说明这种胶粘剂十分环保，但是这种方法只适用于那些标明自己亲肤无刺激的产品。

表5-5　　常用胶粘剂种类

序号	胶粘剂大类名称	胶粘剂产品名称
1	墙纸用胶粘剂	糯米胶、功能较、淀粉胶、胶粉、801胶
2	木地板胶粘剂	聚氯乙烯黏合剂、4115建筑胶粘剂
3	瓷砖胶粘剂	TAM 型通用瓷砖胶粘剂、TAS型高强度耐水瓷砖胶粘剂
4	竹木胶粘剂	脲醛树脂类胶粘剂、酚醛树脂类胶粘剂、醋酸乙烯类胶粘剂

◎本章小结

市场上的胶粘剂种类繁多，质量良莠不齐，在进行挑选时要多加用心，通过问、闻、看、对比的方式选择质量好的胶粘剂。常用胶粘剂种类见表5-5。

第6章 绿色涂料好环保

识读难度： ★★★★☆

核心概念： 构成、成膜、限量

章节导读： 涂料品种繁多，一般以专材专用的原则选购，尤其涂料的环保性也是我们选购的一个重要指标。涂料能形成黏附牢固且具有一定强度与连续性的固态薄膜，对装修构造能起到保护、装饰以及标志作用。随着科技的飞速发展，现代装修中出现了越来越多的新型环保涂料来替代传统产品，选购时务必要挑选对人体无害的绿色无毒产品。

6.1 彻底认识涂料

涂料的品种繁多、功能各异，内部的组成成分也比较复杂。很多人将传统涂料统称为油性涂料，简称油漆，如醇酸漆。而将加水稀释后使用的水性涂料称为涂料，如乳胶漆。现代工业生产的涂料产品包括油性涂料与水性涂料，总称涂料。

根据涂料中各组成部分所发挥的作用，可将涂料的组成分为主要成膜物质、次要成膜物质、稀释剂和助剂四类。

6.1.1 主要成膜物质

主要成膜物质的作用是将涂料中的其他组成黏结成一个整体，并且能够牢固地附着在基层的表面，从而形成连续、均匀、坚韧的保护膜。

1. 油料

涂料中使用的油料主要是植物油，按其能否干结成膜及成膜时间长短，可分为干性油、半干性油和不干性油等（见表6-1）。

表6-1　油料的分类

序号	性质类别	品种
1	干性油	桐油、亚麻籽油、苏籽油、梓油等
2	半干性油	棉籽油、大豆油、葵花油等
3	不干性油	花生油、椰子油、蓖麻油等

当干性油涂在物体表面时，由于受到空气的氧化作用和自身的聚合作用，经过一周左右的时间便能形成坚硬的油膜，且耐水性良好并具有一定的弹性。半干性油干燥时间较长。一般需要用一周以上的时间，形成的油膜比较软，并且有黏手的感觉。不干性油在一般条件下，不能自行干燥形成油膜，因此不能直接用于制造涂料。

↑亚麻籽油

干性油主要成分是亚麻酸、亚油酸等不饱和脂肪酸的甘油酯，一般为浅黄色液体。

↑椰子油

不干性油的主要成分为脂肪酸三甘油酯，一般为黄色液体。

2. 树脂

如果仅用油料制作涂料，往往不能满足现代装修要求。因此，在现代涂料中，大量采用性能优异的树脂作为主要成膜物质。我国装修涂料所使用的成膜物质主要以合成树脂为主，如聚乙烯醇系缩聚物、聚醋酸乙烯及其共聚物、丙烯酸酯及其共聚物、环氧树脂、聚氨酯树脂等。

6.1.2　次要成膜物质

次要成膜物质主要是指涂料中的颜料和填料，它们的作用是使涂料具有鲜艳夺目的色彩，优良而逼真的质感，增加涂膜的硬度，防止紫外线的穿透，减少涂料的收缩，增加膜层的机械强度，提高涂膜的抗老化性和耐候性。

1. 颜料

颜料是一种不溶于水、溶剂或涂料基料的微细粉未状有色物质。它能均匀分散在涂料介质中形成悬浮物，在涂料中不仅赋子涂膜以色彩，还可以使涂膜具有一定的遮盖力。

←颜料

颜料的品种很多，按资源可分为人造颜料和天然原料，按作用可分为着色颜料、防锈颜料和体质颜料，按化学组成可分为有机颜料和无机颜料

（1）着色颜料。着色颜料的主要作用是使着色物遮盖物体表面，是颜料中品种最多的一类，着色颜料按它们在使用时所显示的色彩不同大致分为以下几种（见表6–2）。

表6–2　　着色颜料常用的品种

颜色	化学组成	品种
红色	无机颜料	朱红、铁红
	有机颜料	甲苯胺红
黄色	无机颜料	铅铬黄
	有机颜料	耐晒黄
蓝色	无机颜料	铁蓝、群青
	有机颜料	酞青蓝
黑色	无机颜料	炭黑、石黑
	有机颜料	苯胺黑
绿色	无机颜料	铬绿
	有机颜料	酞青绿
白色	无机颜料	太白粉
	金属	铅粉

（2）防锈颜料。防锈颜料的使用是为了防止被涂金属材料产生锈蚀，常用的防锈颜料有氧化铁红、铝粉、红丹、梓铬黄等，其中红丹是钢铁防锈涂料的主要防锈颜料，梓铬黄是铝制品防锈涂料的防锈颜料。

（3）体质颜料。体质颜料主要是一些碱土金属盐，例如，硫酸钡、滑石粉、云母粉、碳酸钙等。它的主要作用就是改善涂膜的力学性能。增加涂膜的厚度、减少涂膜的收缩。

←滑石粉
体质颜料也被称为填充颜料，大部分为白色或无色。

2. 填料

填料本身不具备遮盖力和着色力，使用适宜的产品能够改变涂膜的性能同时还可以降低涂料的成本。

涂料的填料一般选用的是细微粉料，粉料分为天然粉料与人造粉料两类。其中常用的有轻质碳酸钙、重质碳酸钙、凹凸棒土、滑石粉、瓷土、云母粉、石英粉、膨润土等。

↑瓷土

瓷土是一种干燥的天然硅酸铝，瓷土一般作为低成本的增量剂或混合物，瓷土源于地下深处，具有一定辐射性。

↑云母粉

云母粉是一种非金属矿物，广泛应用于油漆、涂料、颜料等方面。

6.1.3　稀释剂

稀释剂又被称为溶剂，一般是一种辅助成膜物质。溶剂能够增加涂料的渗透力，改善涂料与基材的黏结能力，节约涂料用量，降低工程造价等。涂料中常用的溶剂有酒精、松香水、苯、二甲苯、丙酮等。

有些溶剂是有一定毒性的，挥发性的气体对人体有一定的伤害，所以为了防止空气污染，最好选用松香水、松节油等无毒的溶剂。

6.1.4　助剂

助剂是为了延长涂膜的干燥时间，提高它的柔韧性、抗氧化、抗紫外线、抗老化性而加入的辅助剂。

一般常用的辅助材料有增塑剂、催干剂、固化剂、抗氧化剂、乳化剂等，除此之外还有特殊涂料所使用的阻燃剂、杀虫剂、芳香剂等。

6.2 快速挥发的家具漆

家具漆还能够使各类家具更加美观亮丽，不仅能改善家具的粗糙手感，而且能保护家具不受天气干湿的影响。

家具漆是装修中常用的材料，主要用于各种家具、构造、墙面、顶面等界面涂装，种类繁多，选购时要认清产品的性质。

6.2.1 家具标配选用聚酯漆

1. 聚酯漆的特性

聚酯漆又称为不饱和漆，是一种多组分漆，它的漆膜丰满，层厚面硬。不仅色彩丰富，而且漆膜厚度大，喷涂两三遍即可，并能完全覆盖基层材料。聚酯清漆颜色浅、透明度好、光泽度高。

聚酯漆柔韧性差，受力时容易脆裂，一旦漆膜受损不易恢复。调配比较麻烦，比例要求严格，需要随配随用。修补性能比较差，损伤的漆膜修补后有印痕。

↑聚酯漆

聚酯漆的综合性能较优异，但干固时间慢，容易起皱，漆膜颜色也较白。

↑聚酯漆涂刷效果

聚酯漆保光保色性能好，具有很好的保护性和装饰性。

2. 正确选购聚酯漆

（1）选择品牌有保障的，此外还要查看聚酯漆的标识，查看各项指标是否达标。

（2）看聚酯漆的固含量、硬度和耐磨性如何。

（3）看聚酯漆的透明程度如何，耐黄性能如何，施工性能如何。

6.2.2 细腻光洁的硝基漆

硝基漆是比较常见的木器及装修用涂料。硝基漆的主要成膜物是以硝化棉为主，配合醇酸树脂、改性松香树脂、丙烯酸树脂、氨基树脂等软硬树脂共同组成（见表6-3）。

表6-3　　硝基漆的种类

序号	名称	特性与用途
1	外用清漆	由硝化棉、醇酸树脂、柔韧剂及部分酯、醇、苯类溶剂组成，涂膜光泽、耐久性好，一般只用于室外金属与木质表面涂装
2	内用清漆	由低黏度硝化棉、甘油松香酯、不干性油醇酸树脂，柔韧剂以及少量的酯、醇、苯类有机溶剂组成，涂膜干燥快、光亮、户外耐候性差，可用作室内金属与木质表面涂装
3	木器清漆	由硝化棉、醇酸树脂、改性松香、柔韧剂和适量酯、醇、苯类有机挥发物配制而成，涂膜坚硬、光亮，可打磨，但耐候性差，只能用于室内木质表面涂装
4	彩色磁漆	由硝化棉、季戊四醇醇酸树脂、颜料、柔韧剂以及适量溶剂配制而成，涂膜干燥快，平整光滑，耐候性好，但耐磨性差，适用于室内外金属与木质表面的涂装

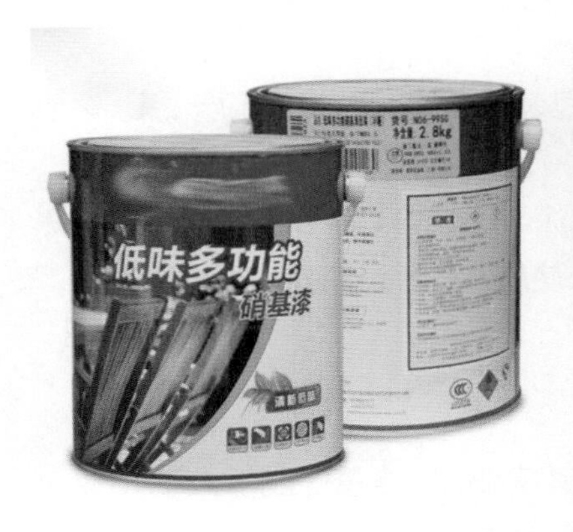

↑硝基漆

硝基漆是比较常见的木器以及装修用的涂料，可用于装饰涂装、金属涂装和一般水泥涂装等。

↑硝基漆色卡

硝基漆色板拥有不同的色彩，可以方便消费者选择自己喜欢的色彩，一般商店都有展板。

1. 硝基漆的特性

硝基漆装饰效果较好，不易氧化发黄，尤其是白色硝基漆质地细腻、平整，干燥迅速，对涂装环境的要求不高，具有较好的硬度与亮度，修补容易。但是，硝基漆需要较多的施工遍数才能达到较好的效果，硝基漆的耐久性不太好，使用时间稍长就容易出现诸如失光、开裂、变色等弊病。

在装修中，硝基漆主要用于木器及家具、金属、水泥等界面，一般以透明、白色为主。

↑硝基漆喷涂

硝基漆主要以喷涂为主，在施工前应将被涂物表面彻底清理干净。

↑施工完毕

硝基漆施工完毕后要做好施工保护措施，以防家具漆被磨损掉，放置在通风处。

硝基漆常用包装为0.5～10kg/桶，其中1kg包装产品价格为70～80元/桶，需要额外购置稀释剂调和使用。

白色硝基漆是现代装修家具的主流用漆，喷涂与刷涂均可，在施工时挥发气味较大，毒害物质散发可达到95%以上，正常投入使用后几乎没有挥发性毒害物质，因此，可以认为是一种环保材料。

2.正确选购硝基漆

（1）硝基漆的选购方法与清漆类似，只是硝基漆的固含量一般都大于40%，气味温和，劣质产品的固含量仅在20%左右，气味刺鼻。

（2）硝基漆在运输时应防止雨淋、日光曝晒，避免碰撞，应存放在阴凉通风处，防止日光直接照射，并隔绝火源，远离热源的地方。

6.3 墙、顶面覆盖的水性漆

墙面漆是装修中用于墙面的主要饰材之一，在基础装修费中占一定的比例，选择优质的墙面漆是非常重要的，一般需要从环保指标、使用寿命以及遮盖力等方面出发。

6.3.1 全能的乳胶漆

乳胶漆又称为合成树脂乳液涂料，是有机涂料的一种，它是以合成树脂乳液为基料加入颜料、填料及各种助剂配制的水性涂料。

←乳胶漆

乳胶漆具备与传统墙面涂料不同的优点，它施工方便，干燥迅速，也非常便于擦洗。

1. 乳胶漆特性

（1）干燥速度快。乳胶漆干燥速度快，在25℃时，30分钟内表面即可干燥，120分钟左右就可以完全干燥。

（2）不易变形。乳胶漆耐碱性好，涂于碱性墙面、顶面及混凝土表面，不返粘，不易变色。

（3）色彩丰富。乳胶漆色彩柔和，漆膜坚硬，表面平整无光，观感舒适，色彩明快而柔和，颜色附着力强。

（4）施工方便。乳胶漆调制方便，易于施工，可以用清水稀释，能刷涂、滚涂、喷涂，工具用完后可用清水清洗，十分便利。

2. 乳胶漆种类

（1）哑光漆。亚光漆无毒、无味，具有较高的遮盖力、良好的耐洗刷性，附着力强、耐碱性好，安全环保施工方便，流平性好，是目前装修的主要涂料品种。

（2）丝光漆。丝光漆涂膜平整光滑、质感细腻，具有丝绸光泽，遮盖力高、附着力强、抗菌防霉以及耐水耐碱等特点。

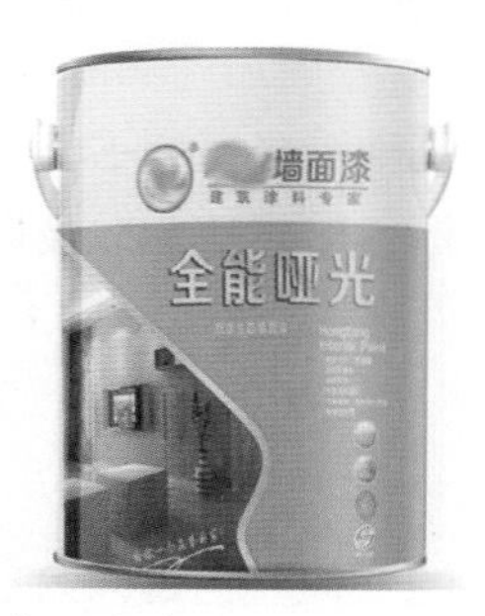

↑哑光漆

亚光漆比较柔和，涂刷后光滑、平整，比较耐高温，光泽度低。

↑丝光漆

丝光漆涂膜可洗刷，光泽持久，适用于卧室、书房等小面积空间。

（3）罩光漆。罩光漆是一种透明、不泛黄、耐紫外线和化学腐蚀的漆。具有高光泽和高保光性，可用于各种磨损表面，起装饰和保护作用。

（4）高光漆。高光漆具有超强遮盖力，坚固美观，光亮如瓷，同时还具有很高的附着力，高防霉抗菌性。

↑罩光漆

罩光漆是专门配合溶剂型金属罩光而设计的。适合涂装于室内、外混凝土及墙壁。

↑高光漆

高光漆耐洗刷、涂膜耐久且不易剥落，坚韧牢固，主要适用于别墅、复式等高档豪华住宅。

（5）其他乳胶漆。除此之外还有固底漆与罩面漆等品种。固底漆能有效地封固墙面，耐碱防霉的涂膜能有效地保护墙壁，极强的附着力，能有效防止面漆咬底龟裂，适用于各种墙体基层使用；罩面漆的涂膜光亮如镜，耐老化，极耐污染，内外墙均可使用，污点一洗即净，适用于厨房、卫生间、餐厅等易污染的空间。

3. 正确选购乳胶漆

（1）看重量。可以掂量包装，1桶5L包装的乳胶漆约重8kg，1桶18 L包装的乳胶漆约重25kg，还可以将桶提起来摇晃，优质乳胶漆晃动一般听不到声音，很容易晃动出声音则证明乳胶漆黏稠度不高。

（2）观察黏稠度。可以购买1桶小包装产品，打开包装后观察乳胶漆，优质产品比较黏稠，且细腻润滑。

↑挑起乳胶漆

可以用木棍挑起乳胶漆，优质产品的漆液自然垂落能形成均匀的扇面，不会断续或滴落。

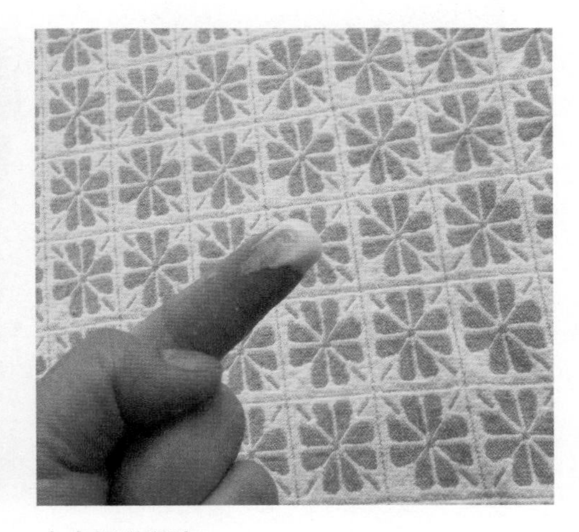

↑拿捏黏稠度

手轻蘸一些乳胶漆，漆液能在手指上均匀涂开，能在 2 分钟内干燥结膜，且结膜有一定的延展性的为优质品。

（3）感受黏稠度。用手触摸乳胶漆，优质产品比较黏稠，呈乳白色液体，无硬块、搅拌后呈均匀状态。

（4）闻气味。可以闻一下乳胶漆，优质产品应当有很淡的清香，而伪劣产品具有泥土味，甚至带有刺鼻香味，不能被香味所迷惑。

★小贴士

乳胶漆不要追求高端产品

乳胶漆购买品牌正宗产品就可以了，不要追求高、大、上，越是贵的产品往往越存在假冒的，高档的产品利润大，不法经销商往往在包装桶上做文章，将普通乳胶漆偷换到用过的高档桶中。因此，只需购买品牌产品中的中低档产品就足够了。

6.3.2 极具质感的真石漆

在现代装修中，真石漆主要用于室内各种背景墙涂装，或用于户外庭院空间墙面、构造表面涂装。真石漆又称为石质漆，主要由高分子聚合物、天然彩色砂石及相关助剂制成，干结固化后坚硬如石，看起来像天然花岗岩、大理石。

↑真石漆喷涂立柱

真石漆喷涂立柱成品后具有色彩自然质感，有害物质较少，且不易褪色。

↑真石漆样本

右图：真石漆样本囊括了各种色彩和纹理的真石漆，在涂料商店均有。

1. 真石漆特性

（1）真石漆具有防火、防水、耐酸碱、耐污染、无毒、无味、黏结力强，不易褪色等特点。

（2）真石漆能有效阻止外界环境对墙面的侵蚀，由于真石漆具备良好的附着力和耐冻融性，因此特别适合在寒冷地区使用。

（3）真石漆具有施工简便、易干省时、施工方便等特点。

（4）优质的真石漆还具有天然真实的自然色泽。

↑真石漆

真石漆主要采用各种颜色的天然石粉配制而成，应用于建筑外墙的仿石材效果，因此又被称为液态石。

↑真石漆上墙效果

真石漆能给人以高雅、和谐以及庄重的美感，可以使墙面获得生动逼真、回归自然的效果。

2. 真石漆涂层构成

（1）抗碱封底漆。抗碱封底漆对不同类型的基层分为油性与水性，封底漆中的聚合物及颜填料会在溶剂或水挥发后，渗入到基层的孔隙中，从而阻塞了基层表面的毛细孔，使其具有了较好的防水性能。抗碱封底漆还可以消除基层因水分迁移而引起的泛碱，发花等，同时也增加了真石漆主层与基层的附着力，避免了剥落、松脱现象。

（2）真石漆。真石漆是由骨料、黏结剂、各种助剂和溶剂组成，骨料是天然石材经过粉碎、清洗、筛选等多道工序加工而成，具有很好的耐候性，一般为非人工烧结彩砂、天然石粉、白色石英砂等，相互搭配可调整颜色深浅，使涂层的色调富有层次感，能获得类似天然石材的质感，同时也降低了生产成本。

（3）黏结剂。黏结剂直接影响着真石漆膜的硬度、黏结强度、耐水、耐候等多方面性能，黏结剂为无色透明状，在紫外线照射下不易发黄、粉化。

（4）罩面漆。罩面漆主要是为了增强真石漆涂层的防水性、耐污性，耐紫外线照射等性能，也便于日后清洗，罩面漆主要为油性双组分氟碳透明罩面漆与水性单组分硅丙罩面漆。

3. 正确选购真石漆

（1）看水润度。打开真石漆包装桶看真石漆的水润度如何,视觉上比较干的属于劣质品,乳液含量不够高。

（2）看是否掉色。天然真石漆都是采用自然状态下的彩色石粉碾碎而成，除非是染色材料，否则不应该存在掉色问题。

←检验真石漆是否掉色

取适量真石漆材料放置于净水中浸泡，观察水色是否变化，如果上层水液出现乳白色则为正常，出现黄色以及其他色泽，则可以初步断定乳液不合格或乳液中添加了染色成分。

真石漆在施工时采用喷涂，施工完毕后要涂刷两遍聚酯清漆或硝基清漆，将石砂颗粒封闭固定，日后不会脱落，同时也能将真石漆中缓慢挥发的毒害物质封闭起来。

6.3.3 环保先锋硅藻泥

硅藻泥涂料是以硅藻泥为主要原材料，添加多种助剂的粉末装饰涂料，它是一种天然环保内墙装饰材料，可以用来替代壁纸或乳胶漆。

↑硅藻泥

硅藻泥涂料适用于别墅、公寓、酒店、家居以及医院等内墙装饰，是一种新型的环保涂料，具有消除甲醛、释放负氧离子等功能，同时也被为会呼吸的环保功能性壁材。

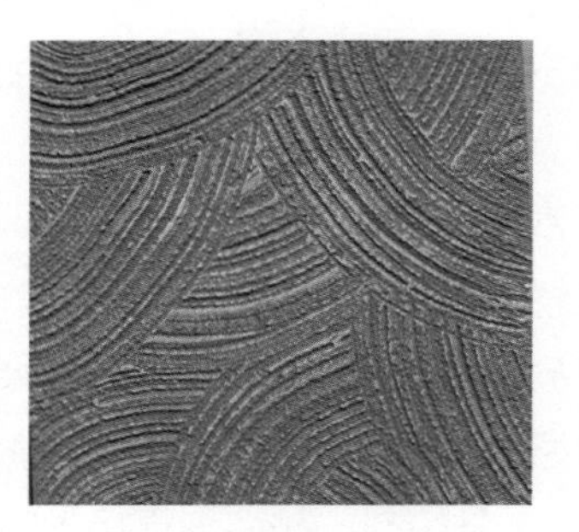

↑硅藻泥上墙效果

硅藻泥涂料涂刷后可以使墙面拥有更丰富的自然质感，纹样花饰等也变得更多样化。

硅藻泥特性

（1）硅藻泥本身无任何的污染，不含任何有害物质及有害添加剂，为纯绿色环保产品。

（2）硅藻泥具备独特的吸附性能，可以有效去除空气中的游离甲醛、苯、氨等有害物质，以及因宠物、吸烟、垃圾所产生的异味，可以净化室内空气。

（3）硅藻泥由无机材料组成，因此不燃烧，即使发生火灾，也不会冒出任何对人体有害的烟雾，当加热至1300℃时，硅藻泥只是出现熔融状态，不产生有害气体等烟雾。

（4）硅藻泥具有很强的降低噪声功能，其功效相当于同等厚度的水泥砂浆的2倍以上，不易产生静电，墙面表面不易落尘。

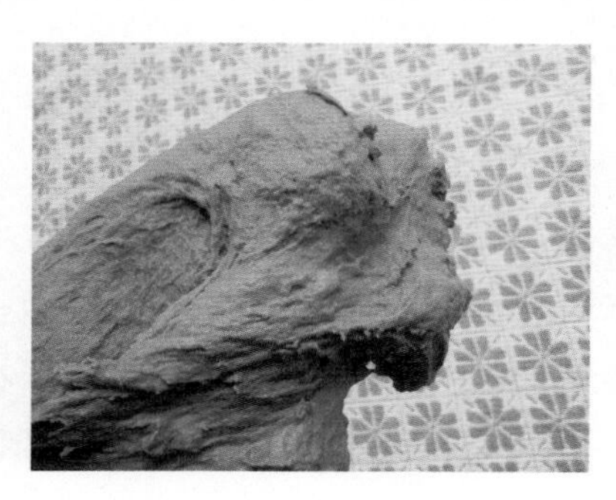

←硅藻泥调和

硅藻涂料调和后完全干燥需要 48 小时，48 小时后可以用喷壶喷洒少许清水，以保证其湿润度。

严格来说，硅藻泥是完全无污染的材料，但是硅藻泥的吸附性是有限的，室内其他异味，如油烟、香烟、潮湿霉变等气味会被硅藻泥吸附，达到饱和且气温升高后又会再次释放，二次污染室内环境，因此硅藻泥适用于相对洁净的卧室等室内空间。

6.3.4　全新时尚的灰泥

灰泥涂料作为一种墙面装饰材料，相对其他材料来说比较环保，在国外的室内装饰装修工程中已经在广泛的使用了，但是在国内来说现在使用灰泥涂料以及了解灰泥涂料的人都比较少。

↑灰泥涂料

灰泥涂料作为一种新颖的涂料，现在主要是被用于装饰方面。

↑灰泥涂料状态

灰泥涂料可以调色，能够使饰面更加丰富多彩。

灰泥涂料是一种取自石灰岩矿，掺杂其他矿物质而成的一种室内墙面装饰材料。灰泥涂料的主要成分是石灰岩矿，在开采之后经过高温燃烧，排除二氧化碳成分，成为“生石灰”水之后，再加入水反应成碱性“熟石灰”。熟石灰在水中会缓慢进行结晶反应，所以存放的越久，涂料的颗粒就越细致。然后添加大理石灰泥、大理石粉或大理石砂，增加表面触感的多样性。

←灰泥涂料饰面效果

灰泥涂料色彩丰富，样式繁多，可以根据房屋的风格挑选合适的灰泥涂料对房屋的墙面进行装饰。

灰泥涂料透气性好，能够有效防止墙体表面结露返潮，能够抑制细菌的增长。它具有非常高的弹性，所以一般不容易开裂。非常耐擦洗，抗污能力非常强，遮盖性和耐磨性好。灰泥涂料有着类似泥巴的黏性、和易性，这种特性会根据水量的起伏而变化。

6.4 涂料中的有害物质及危害

涂料中的合成材料以及在施工和使用过程，会造成室内空气质量的下降，这种情况就会影响到人体的健康。

涂料中存在的有害物质主要为挥发性有机化合物、游离甲醛、可溶性铅、镉、铬和汞等重金属，以及苯、甲苯和二甲苯等。

6.4.1 涂料中有害物质的危害

涂料是现代社会中的第二大污染源，在装修中或多或少都会使用到涂料，如果使用的涂料质量不佳，那么后果将非常严重，劣质涂料的危害主要有以下几种。

1. 刺激皮肤

涂料中的有机溶剂蒸气会刺激眼睛黏膜而使人流泪。涂料中的有机溶剂与皮肤接触会导致因皮肤干裂而感染污物及细菌；若有机溶剂接触皮肤表皮，会导致表皮角质化，引起红肿及起疱；若涂料溶剂渗入人体内，会破坏血球及骨髓等。

2. 呼吸与消化系统感染

涂料的有机溶剂蒸气经由呼吸器官吸入人体后，人往往会产生麻醉作用，蒸气吸入后大部分经气管到达肺部，然后经血液或淋巴液传送至其他器官，造成不同程度的中毒现象。当人在受涂料溶剂蒸气污染的场所进食、抽烟等，首先受害为口腔，进入食道及胃肠，引起恶心、呕吐现象，然后在由消化系统，危害到其他器官。

3. 苯系物污染

涂料和装饰胶中大量使用的苯系物（苯、甲苯、二甲苯）会损害造血机能，引发血液病，也可致癌，诱发白血病。

4.铅污染

涂料会产生铅污染，铅是一种重金属，在涂料的生产中，通常将铅作为助剂添加在涂料中，用以提高涂料的干速和漆膜的硬度，对于涂料企业而言，在涂料中加入铅等重金属虽然能提高产品性能，但对于涂料的使用者来讲，则存在非常大的身体安全隐患。

涂料中使用的颜料含有铅、镉、铬等重金属，在施工中，挥发物通过口腔进入体内，其含量较低时，会随新陈代谢排出体外，对人体影响不大，但如果超过一定限度，就会影响人体的一些正常生理功能，造成急性中毒。

6.4.2 涂料中有害物质的限量

针对这种情况的出现。我国在GB 18582—2008《室内装饰装修材料 · 内墙涂料中有害物质限量》以及GB 18581—2009《室内装饰装修材料 · 溶剂型木器涂料中有害物质限量》分别对内墙涂料以及溶剂型木器漆做出了有害物质的限量值（见表6-4和表6-5）。

表6-4　　内墙涂料中有害物质的限量　　单位：mg/L

有害物质名称		限量值
挥发性有机物		≤200
游离甲醛		≤0.1
重金属	可溶性铅	≤90
	可溶性铬	≤75
	可溶性镉	≤60
	可溶性汞	≤60

表6-5　　溶剂型木器涂料中有害物质限量　　单位：mg/L

有害物质名称		限量值		
		硝基漆类	聚氨酯漆类	醇酸漆类
挥发性有机物		≤750	光泽（60°）≥80，600 光泽（60°）<80，700	550
苯		≤45	≤0.5	
甲苯和二甲苯总和			≤40	≤10
游离甲苯二异氰酸酯			≤0.7	
重金属	可溶性铅 可溶性铬 可溶性镉 可溶性汞		≤90 ≤75 ≤60 ≤60	

6.5 如何减少装修中的涂料危害

开窗通风的时间要把握好，白天气温较高时应当将全屋门窗紧闭，待夜间气温降低时再通风，同时，夜间室内外气流会加速，能起到很好的通风作用。

6.5.1 正确选用环保涂料

装修业有这样一句话“无醛不成漆”，有漆的地方或多或少都会存在一定量的甲醛，虽然话是这样说，但是只要挑选得当，还是能够将污染控制在安全范围内的。

1. 看认证

正规的环保涂料一般都备有国标检验报告和相关证书，涂料外桶也应有“十环”质量认证。在购买涂料时，可以要求商家出示相应的证书，来辨别是否为环保涂料。如果涂料外桶标有A+认证则为更高的环保级别。

2. 看形态

环保涂料开启后，涂料表面会漂浮一层树脂。搅拌后，质感浓厚，亮光漆色泽水白、晶莹透明，亚光漆呈半透明轻微混浊状，无发红、泛黑和沉淀现象。

3. 闻味道

环保涂料气味温和、淡雅，芳香味纯正；劣质涂料会散发出强烈的刺鼻气味或其他不明异味。即使部分劣质涂料添加了香料冒充环保漆，但依然气味冲鼻。

★小贴士

减少装修中涂料用量

在现代装修中，墙顶面与家具饰面的涂饰占据很大面积，主要是通过涂料来覆盖，这就要求严格把关涂料的品质。同时，也可以选用其他材料来取代涂料。家具可以选用带有装饰饰面层的板材，如生态板、人造免漆板，家具由工厂预制生产，运输到施工现场直接安装，表面无涂料施工。此外，墙顶面可以选用壁纸、硅藻泥、成品装饰墙板、玻璃等材料，杜绝传统涂料的挥发性，这样装修可以杜绝大部分污染。

6.5.2 减少涂料危害的妙招

涂料是室内装修中不可缺少的一种装饰材料，为了能够更大程度地减少涂料带来的危害，去除难闻的油漆味，可以注意从以下几点做起。

1. 开窗通风要及时

刚装修完的房子不要立刻住进去，刷完油漆的房子至少要通风2个月之后才能入住。如果不是非常着急住进新房的话可以多通风一段时间，如果急着入住，那么在入住之后也要及时通风。

在夏季或气温相对较高的时节装修，开窗通风效果最好，如果房间通风不佳，可以待涂料施工后完全干燥了，将大功率电风扇摆放在房间门口，每天对着窗户方向吹2小时，持续10天，能明显改善室内环境。

2. 热带水果来帮忙

用水果去除油漆的异味是一种最普遍的也是最受大家欢迎的方式，水果去除油漆的异味不仅价格便宜、使用简单同时效果还非常明显。可以去除异味的水果常见的有柚子皮、橘子皮等，除此之外还可以选择菠萝蜜的皮来去除异味。

3. 柠檬、食醋有妙招

除了水果去除异味外，还可以选择柠檬、食醋等物来去除异味。只要将盆中打满凉水哦，然后再将食醋、柠檬汁加入凉水之中即可。

↑菠萝蜜

将破开的菠萝蜜放置在刚装修完的室内，因为巨大的体积，所以只需短短几天就可吸附异味。

↑柠檬、食醋

用柠檬汁、食醋兑水不仅能够去除油漆味，同时这些蒸发的水分还可以保护墙顶的涂料面。

4. 时代进步清洁剂

随着科技的日新月异，现在各种去味清洁剂也十分的普遍了，只需将去味清洁剂倒入容器中再摆放在房间的各个角落，即可达到去味的作用。

6.6 涂料正确的施工步骤

涂料的施工一般有刷涂、喷涂、滚涂三种方式，三种方式都可以适用于各种涂料，它们的特点各不相同。刷涂节约材料，但是消耗工时较长；喷涂施工要做好维护包装，比较浪费材料；滚涂集中以上两者的优势，但是无法涉及局部细微构造。因此在施工中，一般会将透明聚酯漆进行刷涂，白色硝基漆进行喷涂，乳胶漆进行滚涂。

6.6.1 聚酯漆刷涂施工步骤

↑清扫家具构造表面

↑修饰边角毛刺

↑调配修补同色灰膏

↑填补钉头

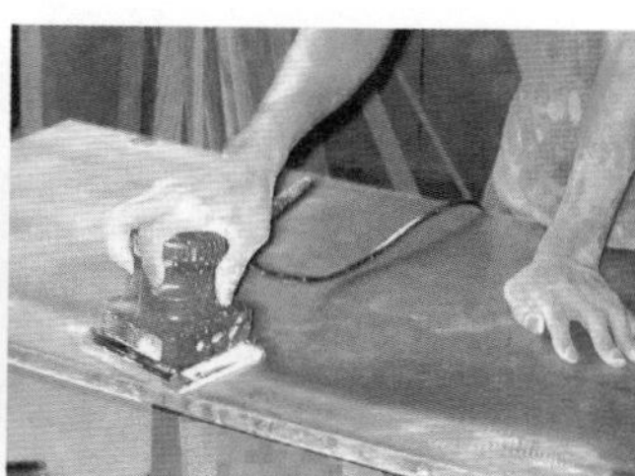
↑打磨平整

↑周边非涂刷部位保护

↑调配聚酯漆

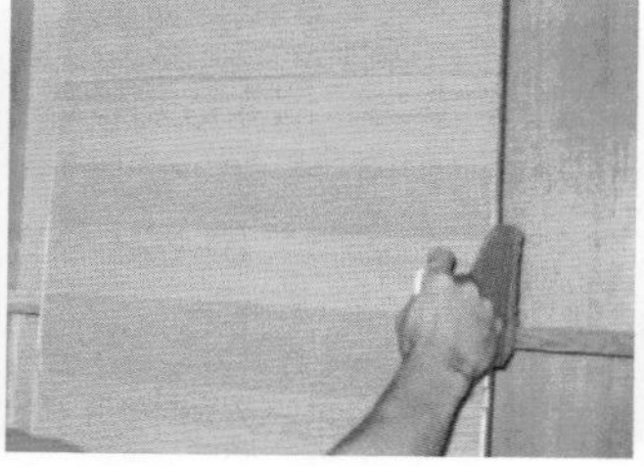
↑羊毛刷刷涂

↑自然晾干

6.6.2　硝基漆喷涂施工步骤

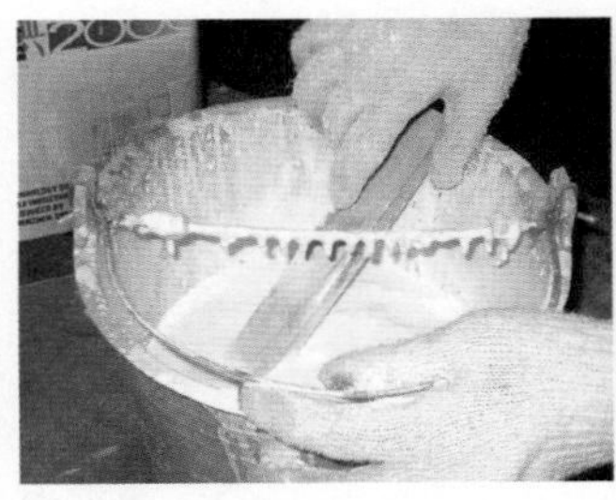
↑调配修补同色灰膏

↑填补钉头与不平整部位

↑周边非喷涂部位保护

↑小心打开包装

↑调配硝基漆

↑喷枪喷涂

↑刷涂局部细节

↑砂纸打磨

↑自然晾干

6.6.3　乳胶漆滚涂施工步骤

↑各种材料配置齐全

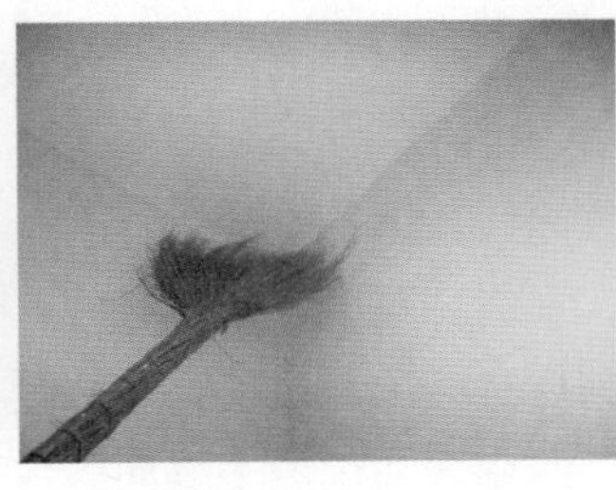
↑清扫各类角落

↑粘贴墙角平整边条

↑石膏板粘贴防裂带

↑调配石膏粉泥子

↑刮涂石膏粉泥子

↑调配墙面泥子

↑刮涂第 1 遍墙面泥子

↑刮涂第 2 遍墙面泥子

↑在强光下打磨

↑稀释乳胶漆

↑调配颜色

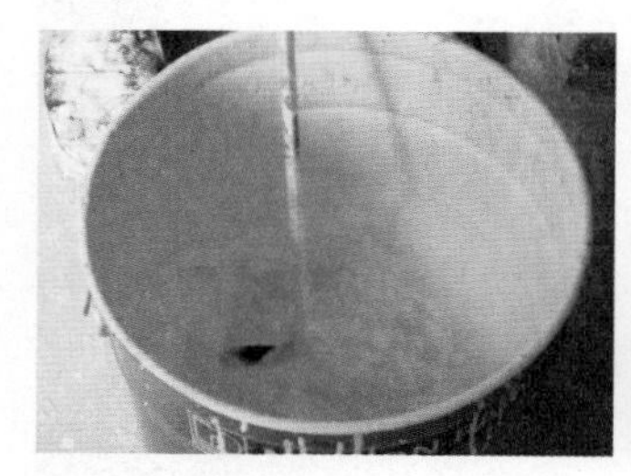

↑调色搅拌

↑小面积试色

↑大面积滚涂乳胶漆

聚酯漆与硝基漆属于油性涂料，挥发性很强，在施工时应当适当打开门窗，避免有害物质在室内长期停留，渗透到其他软质材料中，如软包墙面、布艺沙发等。施工结束待完全干燥了再全面打开门窗通风。乳胶漆等水性涂料的气味就不是很明显，应当在施工时关闭门窗，避免表面快速干燥而导致开裂脱落，施工结束待完全干燥了7天后在打开门窗通风。

↑无窗房间增设通风设备

如果在封闭性较强的空间内选用涂料装修，应当增设排气扇、中央空调等通风设备。

↑硝基漆家具

硝基漆家具的挥发性很强，但是挥发时间短，在通风良好的环境下，一般不超过 7 天，适用于室内各个部位。

↑浅色家居空间

浅色空间多会采用涂料来装修，为了将污染降到最小，应当减少乳胶漆的用量，乳胶漆用于顶面和局部墙面，装饰墙板、成品楼梯等应当选用成品件，这些材料都是在工厂预先加工好，有害物质都已经挥发过了，再到室内安装污染就小很多。

◎本章小结

涂料的使用丰富了我们的生活空间，虽然有对于它的使用褒贬不一，但是消费者不必谈之色变，只要细心挑选环保涂料，同时在使用后做好去除有害物的工作，就不必过于担心涂料污染的问题。以下部分墙面涂料对比一览表（见表6-6）。

表6-6　　部分墙面漆对比

序号	品种	性能特点	用途	价格（元/m^2）
1	乳胶漆	质地均匀、遮盖力强、较为环保、不同品牌差价大、质量识别难度大	室内墙面、顶面	15～25
2	真石漆	质地浑厚、遮盖力强、具有石材的效果、色彩品种丰富、施工较复杂	室内外墙面、装饰构造涂装	25～50
3	硅藻泥	品种繁多、孔隙较大、能吸附异味、隔音效果好	室内墙面局部装饰涂装	35～60
4	灰泥	涂料颗粒细致，防止墙体表面结露返潮，能够抑制细菌增长，有弹性	室内墙面局部装饰涂装	30～50

第7章

墙纸墙布挑选要环保

识读难度： ★★☆☆☆

核心概念： 风格、材质、功能

章节导读： 墙纸墙布是裱糊室内墙面的装饰性纸张或布，也可以认为是墙壁装修的特种纸材。墙纸墙布具有色彩丰富、图案多样、装饰豪华、施工便捷、价格便宜等特点，它应用发源于欧洲，现今在欧美、东南亚等国家和地区非常普及。现在我国使用墙纸墙布对房屋进行装饰装修的消费者也越来越多，它被广泛地用于住宅、办公室、酒店等场所。以纸张为基础材料而生产加工的称为墙纸，以纺织、编制材料为基础材料而生产加工的称为墙布，现在大多数消费者仍将墙纸墙布统称为墙纸。

7.1 墙纸墙布的初认识

风格多样的墙纸现在越来越受到国人的喜爱，在以前作为室内装饰装修配角的墙纸现在已渐渐成为了主角。墙纸已成为了凸显风格、展现个性的主要材料。

7.1.1 风格多样，创造别样空间

相比较于涂料装饰墙面，墙纸有更多彩的颜色、更丰富的图案。各种压花纹路的配合使得墙纸更加绚丽多彩，墙纸既能够装饰严肃稳重的办公会议场所，又能够点亮活泼奔放的年轻空间，既能够满足老年人古风雅致的要求，又能够创造孩童天真烂漫的乐园。

↑ 3D 墙纸

3D 墙纸作为最近几年开始流行的墙纸，受到年轻用户的青睐。

↑ 儿童房墙纸

粉嫩的墙纸给儿童创造出了一个童话般的公主世界。

从不同的花色、不同的纹样可以决定一个空间的风格，无论是淡雅别致的中国风，还是奢华霸气的欧美风，墙纸都能给消费者一个满意的答案。

↑中式墙纸

↑美式墙纸

左图：鲜艳但不艳俗的颜色搭配上造型别致的花枝，寓意美好装饰意味浓厚。

右图：小碎花加上淡灰绿色是美式的标准搭配，美式田园风格气息扑面而来。

7.1.2　材质多样，便于打扫清洁

市面上的墙纸有一般的机器印刷出来的普通墙纸，也有手工定制的高级墙纸，墙纸的种类可谓是五花八门，大部分的墙纸都有一个良好的优点就是耐擦拭，同时表面不易沾灰尘，耐刮擦。

除了墙纸之外还可以选择墙布，墙布虽然在价格方面稍贵于墙纸，但是它的吸音、隔音功能高于墙纸，并且能够调节室内湿度。布面胶底的墙布不仅耐刮擦同时防水性也非常不错。

7.1.3　功能强大，重叠贴换

墙纸贴了一段时间之后可能就像换个花样，在这种情况下不用撕去原来的墙纸，只需将新墙纸直接重叠贴换即可，非常方便。新墙纸的颜色应当比旧墙纸的颜色深一些，这是因为如果新墙纸的颜色浅于旧墙纸那么旧墙纸会透出来，影响美观。

墙纸具有一定的时效性，特别是对于湿气很重的南方来说尤其如此，因此墙纸最好6～8年更换一次。想要延长墙纸的使用寿命，最好的办法就是使用除湿机保持室内干燥。

↑擦拭墙纸

墙纸因为具有耐擦拭的特点所以十分便于主妇对房间进行打扫。

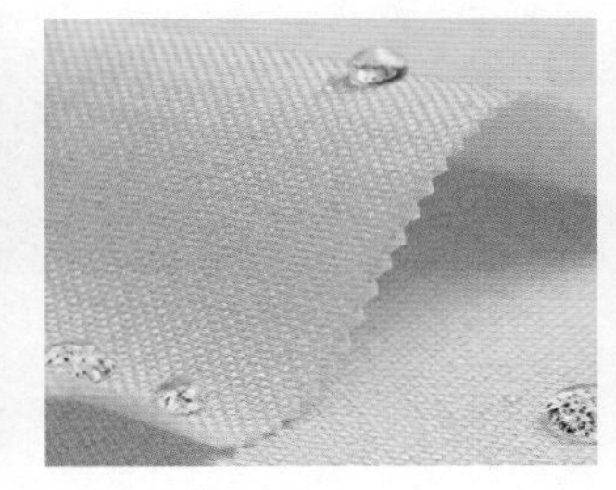

↑墙纸沾水渍

墙布大致可分为布面纸底、布面胶底及布面浆底。

↑除湿机

除湿机在意大利、日本等国已被广泛使用，但是在我国还不是很普及。

7.2 琳琅满目的墙纸墙布

墙纸品种多样，在不断改进变革的过程中也注入了环保元素，使墙纸使用更贴近生活。

7.2.1 经济实惠的塑料墙纸

塑料墙纸是目前生产最多、销售最大的墙纸，它是以优质木浆纸为基层，以聚氯乙烯（PVC）塑料为面层，经过印刷、压花、发泡等工序加工而成。塑料墙纸的底纸，要求能耐热、不卷曲，有一定强度，一般为80～150g/m^{2}的纸张。

塑料墙纸具有一定的伸缩性、韧性、耐磨性与耐酸碱性，抗拉强度高，耐潮湿，吸声隔热，美观大方，施工时应采用涂胶器涂胶，传统手工涂胶很难达到均匀的效果。塑料墙纸品种见表7-1。

↑塑料墙纸

塑料墙纸拥有很好的装饰效果，同时也具备良好的平整性和粘贴性，耐光性也很好。

↑塑料墙纸的运用

塑料墙纸拥有各种各样的色彩和花纹，可以应用于客厅、餐厅及卧室等地。

表7-1　　塑料墙纸品种

序号	名称	图样	特性与应用
1	普通墙纸		以80～100g/m^{2}的纸张做基材，涂有100g/m^{2}左右的PVC塑料，经印花、压花而成，这种墙纸适用面广，价格低廉，是目前最常用的墙纸产品
2	发泡墙纸		以100～150g/m^{2}的纸张做基材，涂有300～400g/m^{2}掺有发泡剂的PVC糊状树脂，经印花后再加热发泡而成，是一种具有装饰与吸音功能的墙纸，图案逼真，立体感强，装饰效果好
3	特种墙纸		具有耐水墙纸、阻燃墙纸、彩砂墙纸等多个品种

7.2.2 柔和高档的植绒墙纸

植绒墙纸是指采用静电植绒法将合成纤维短绒植于纸基上的新型墙纸，常用于点缀性极强的局部装饰，具备有消音、杀菌以及耐磨等特性，且完全环保、不掉色、密度均匀、手感好，花型和色彩都十分丰富。

↑植绒墙纸

静电植绒墙纸具有不耐湿、不耐脏以及不便擦洗等缺点，因此在施工与使用时需注意保洁。

↑植绒墙纸的应用

静电植绒墙纸还拥有丝绒的质感与手感，不反光，具有一定吸音效果，无气味，不褪色，具有植绒布的美感。

植绒墙纸可以分为纸类植绒和膜类植绒，它既有植绒布所具有的美感和极佳的消音、防火和耐磨特性，又具有一般装饰墙纸所具有的容易粘贴在建筑物和室内墙面的特点。

正确选购植绒墙纸主要看绒毛长度，绒毛长度合适的才是优质的。可以用指甲扣划检验牢度。注意观察绒毛不密不疏的属于优质品。此外，尼龙毛优于粘胶毛，三角亮光尼龙毛优于圆的尼龙毛。

★小贴士

墙纸使用量的计算

一般墙纸的估算是按照房间地面使用面积的 2.5 ~ 3.5 倍计算，也可以精确测量房间，然后进行计算，计算公式为：（周长 × 高度－门窗面积）× 损耗（约 1.2 倍）。

7.2.3 朴实且华丽的纸基织物墙纸

纸基织物墙纸是以棉、麻等天然纤维制成的各种色泽、花色和粗细不同的纺线，经特殊工艺处理和巧妙的艺术编排，黏合于纸基上而成的。这种墙纸面层的艺术效果主要通过各色纺线的排列来达到。

↑纸基织物墙纸

纸基织物墙纸质感丰富、立体感强、色调柔和、清淡高雅。

↑纸基织物墙纸的应用

纸基织物墙纸无塑料味、无静电，它的强度高于塑料墙纸。

纸基织物墙纸可以用纺线排列出各种各样的图案，有的在线中夹杂金丝银丝能够使墙纸看起来有闪闪发亮的质感，除此之外还可以做出荧光的墙纸出来。通过压制的方法还能够做出浮雕图案，装饰效果别具一格。

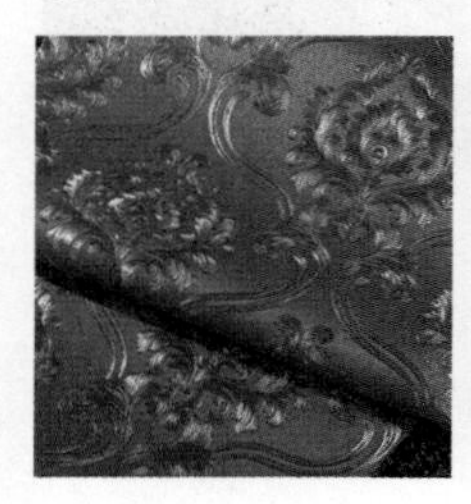

←金丝图案。

左图：纸基墙纸上用金丝绣出图案不仅美观同时显得贵气逼人。

←金丝图案的应用。

右图：红色配金丝就是浓浓的中国风，白色配金丝就是十足的欧洲宫廷风。

7.2.4　环保自然的天然墙纸

天然墙纸是以纸质材料为基材，以编织的麻草为面层，经过复合加工而成的墙面装饰材料。

↑ 草编墙纸

草编墙纸选择范围相对来说较少，但是健康环保。

↑ 草编墙纸的应用

草编墙纸的使用能够使空间显得淡雅大气，简约但不简单。

天然材料墙纸风格古朴自然，素雅大方，生活气息浓厚，给人以返璞归真的感受。这种材质的墙纸透气性能也相当好，能将墙体和施工过程中的水分自然地排到外面干燥，因此不容易卷边，而且也不会因为天气潮湿而产生霉变。它能将墙壁里的潮气透过来自然蒸发，而且不会留下任何痕迹，不容易褪色，色泽自然典雅，无反光感，具有极好的上墙效果。

↑ 天然材料墙纸

天然材料墙纸具有自然、古朴、粗犷的大自然之美。

↑ 天然材料墙纸的应用

天然材料墙纸不仅能够装饰墙面同时还能够装饰天花板。

7.2.5 温馨的棉纺装饰墙布

棉纺装饰墙布是以纯棉平布为基材，经过压花、涂布耐磨树脂等工序制作而成。棉纺墙布具有强度较大、静电较弱、无反光、吸声效果好等特点。

↑棉纺装饰墙布

棉纺装饰墙布吸声效果好、色泽美观大方，颜值极高。

↑棉纺装饰墙布的应用

棉纺装饰墙布根据颜色的不同能够创造出不同的风格，淡雅的颜色最适合中国风。

棉纺装饰墙布主要适用于高档酒店、公共建筑，以及高级室内装修。它既能够适用于水泥砂浆、石灰砂浆墙面也适用于石膏板墙面以及胶合板墙面。棉纺装饰墙布除了能够用于墙面的装饰之外还能够当作窗帘来使用。

↑棉纺墙布

棉纺装饰墙布因为具有布料所具有的的质感所以也可以当作窗帘的材料来使用。

↑棉纺墙布做窗帘

在夏天棉纺装饰墙布尤其适合拿来做窗帘使用，既能够遮挡阳光，薄型的棉纺装饰墙布还十分的透气。

7.2.6 环保时尚的无纺墙布

无纺墙布是采用棉、麻等天然纤维或涤纶等合成纤维，经过无纺成型、上树脂、印花等工序而制成的一种新型贴墙材料。按照使用原料的不同、无纺墙布可分为棉、麻、涤纶、腈纶等，各种无纺墙布都有繁多的花色。

↑ 无纺墙布

无纺墙布具有弹性丰富、耐老化性强等优点。

↑ 无纺墙布的应用

简单别致的无纺墙布非常适合现代简约的室内装修风格。

无纺墙布具有一定的透气性与防潮性，也具有一般墙布的耐擦洗性，同时还不会褪色。它即适用于普通的居室装修同时也非常合适用于高档酒店以及办公空间的装饰装修。其中涤纶棉的墙布具有质地细腻、表面光滑等特点。

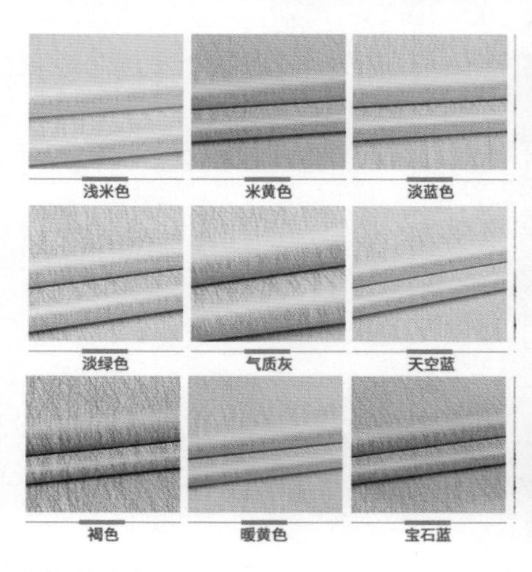

↑ 涤纶墙布

因为涤纶墙布具有光滑的特点，所以视觉上更显华贵。

↑ 涤纶墙布的运用

涤纶墙布不仅适用于居室空间的装饰装修，同时也非常适合高档的公共空间的装饰装修。

7.2.7 华丽典雅的丝绸墙布

丝绸在古代就是蚕丝织造的纺织品，在现代一般只要是经线采用了人造或天然长丝纤维织造的纺织品都可以被称为丝绸。丝绸上多彩的纺织图案具有极高的装饰作用，丝绸的质感与光泽让空间显得更加华贵。

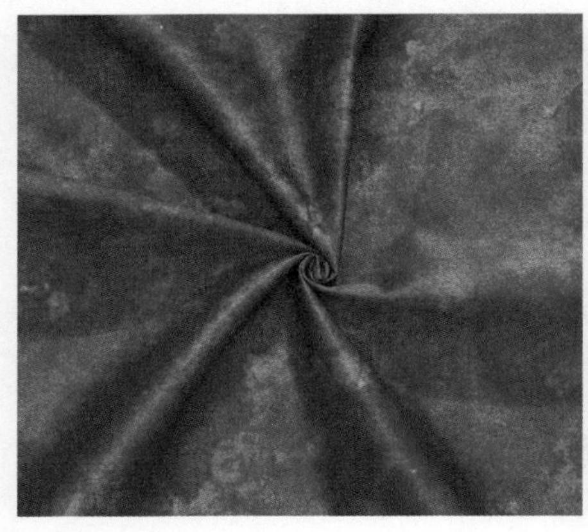

↑丝绸墙布

丝绸墙布颜色多彩、花色多样、选择范围广泛。

↑丝绸墙布的装饰效果

丝绸墙布可做室内装饰的点缀，具有极高的观赏价值。

丝绸墙布的纹理细腻，即古朴又华贵，但是相对于普通的墙布来说价格比较昂贵，普通墙布价格一般为30～50元/m^2，但丝绸墙布价格普遍为50～80元/m^2。丝绸墙布虽然能够起到极强的装饰效果，但是因为它的质地较柔软，因此容易变形，除此之外丝绸墙布的施工要求相对较高，不能擦洗、不耐光、不耐脏，在潮湿环境中使用甚至会发霉。

←丝绸墙布做玄关装饰

虽然丝绸墙布缺点较多，不适宜大面积的铺贴，但是它本身的装饰作用还是不容忽视的，所以在一些地方可以小面积的使用丝绸墙布做装饰。

7.2.8　复古传统的丝绒、棉麻墙布

丝绒墙布拥有华丽的外观与厚实的手感，一般在公共空间及软隔断上使用的较多，居室空间中一般仅少量的在卧室的装饰上见到它的身影。用丝绒墙布做装饰能够给人华丽、富贵的视觉感受。

↑ 丝绒墙布

丝绒墙布虽然拥有华贵的外观但是极其不耐擦洗。

↑ 丝绒墙布的应用

丝绒墙布一般常被用于 KTV 等公共娱乐场所的装饰装修。

棉麻墙布算是最近几年比较受欢迎的墙布了，它不仅具有厚实的触感、极佳的观赏性，同时还具有良好的吸声性。棉麻质感的墙布用它朴实、简约的特色营造出回归自然环境。

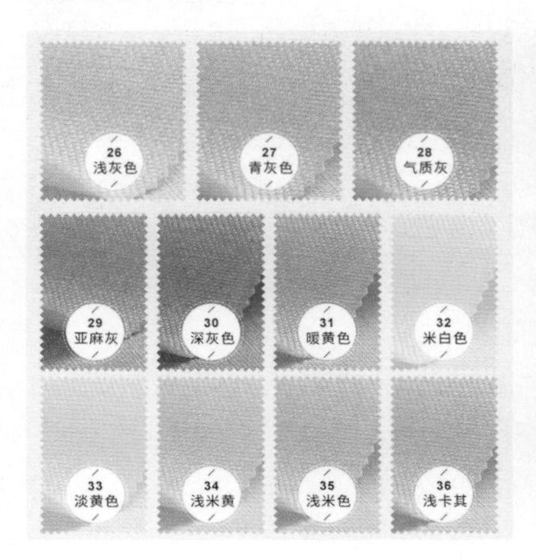

↑ 棉麻墙布

棉麻墙布一般没有过于复杂的花纹，仅是简单的单色，但是却不乏自然的美感。

↑ 棉麻墙布的应用

棉麻墙布多被用于卧室的装饰装修中，能够营造温馨、浪漫的生活气息。

7.3 墙纸墙布的优缺点

现在越来越多的人对于自己的生活空间有了更加个性化的要求，油漆涂料已经不能再让人们满足，于是墙纸越来越受到广大民众的喜爱，但是有喜也有忧，墙纸也并不是一个完美的选择。

7.3.1 无与伦比的优点

1. 花色款式多

墙纸越来越受到消费者的青睐，其中最重要的一个原因就是墙纸的花样繁多，不管消费者想要什么样的花纹基本都可以在商家那里找到，不仅如此现在还有可以定做图案的墙纸。

↑油画墙布（1）

在选定自己喜欢的图案之后，可以根据自己的条件选择合适自己的墙布的材质，例如，丝绸布、无纺纸、宣绒布、贡缎布等。

↑油画墙布（2）

墙布的选择范围十分广泛，可以搭配家具选择合适的墙布。

2. 突出装修风格

根据自己的装修风格可以选择相应的墙布，如北欧风简洁的墙布、欧美风繁复的墙布、中国风素雅的墙布等。

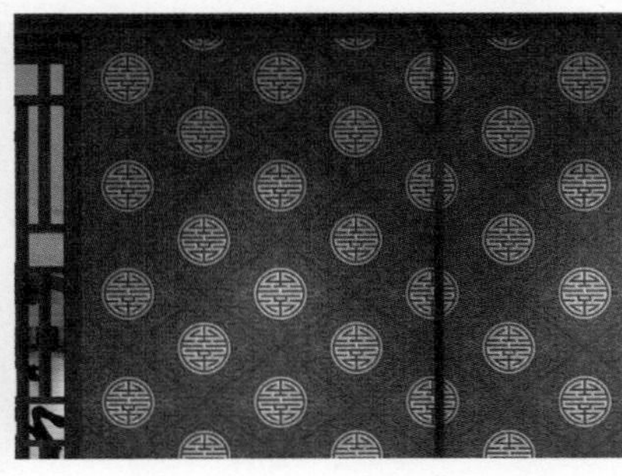

←北欧风墙布

左图：将放大的北欧特色绿植做成墙布，让人产生了融进大自然的错觉。

←中国风墙布

右图：简洁素雅的墙纸搭配上线条流畅的中式家具，高雅脱俗。

3. 施工方便易打理

墙纸不像油漆涂料那样，施工起来会将室内弄得乱七八糟、油漆涂料弄的满地都是，施工过后还非常难以清洁地面上的零星涂料。墙纸的施工现场十分干净，没有粉尘乱飞的现象，并且施工过程非常快，熟练的施工员一天就可以将100m^{2}左右的房子张贴完成。后期墙纸的打扫也非常简单，只需用湿布或干布擦拭即可。

4. 更换方便

在贴墙纸之前墙面都会涂刷一层基膜，如果需要更换墙纸只需将之前的墙纸洒上水，让其湿润半小时左右再慢慢揭开即可，之后直接在墙面张贴新墙纸。或者也可以直接在原墙纸的基础上张贴新墙纸，但是旧墙纸的颜色不能深于新墙纸，否则新的盖不住旧的就十分难看。

↑涂刷基膜

↑铺贴墙纸

左图：墙纸基膜是一种能有效防止施工基面的潮气水分及碱性物质外渗，避免对墙体造成伤害的装饰材料。

右图：墙纸的张贴需要专业的墙纸张贴施工员来进行工作，从上向下铺贴，同时用塑料刮板将墙纸背后的胶赶压平整，特别要注意对齐边缝，如果张贴得不好后期的麻烦就会比较多。

5. 遮盖瑕疵

用油漆涂料装饰墙面，如果施工过程出现什么问题，那么很可能导致后期墙面出现裂纹等情况，这样就会影响整体视觉感受，这时墙纸就能够对墙面的一些瑕疵进行有效遮挡。

无论是乳胶漆还是其他漆类，要想更换墙面的颜色就只能铲掉原有的墙皮，这样不仅费时、费力、费钱同时还会产生粉尘污染，在施工时要将所有家具用东西盖好，浪费人力。

7.3.2 需要尽量回避的缺点

1. 维修困难

当墙纸在经过一两年的使用之后因为出现一些问题需要更换墙纸，会出现该花型工厂停产或者不是同一批次有色差，贴上后色差明显的情况。同时小面积地更换墙纸找装修施工员更换浪费钱，自己更换又很麻烦。因此在铺贴时就要认真严谨地施工，选用优质墙纸胶。

2. 开边裂缝

张贴墙纸最好不要自己DIY，最好找技术好的专业墙纸施工员来进行施工，同时在施工之前要做好墙面的底层处理，因为底层处理的不到位，后面有很大的可能会出现开边的现象，尤其是PVC墙纸出现开边现象的可能性比较大。

开边裂缝的原因还在于铺贴施工后没有紧闭房间门窗，造成墙纸边缝的胶快速干燥收缩，导致开裂，或是日常室内干湿度变化较大，墙纸伸缩不均，导致开裂。

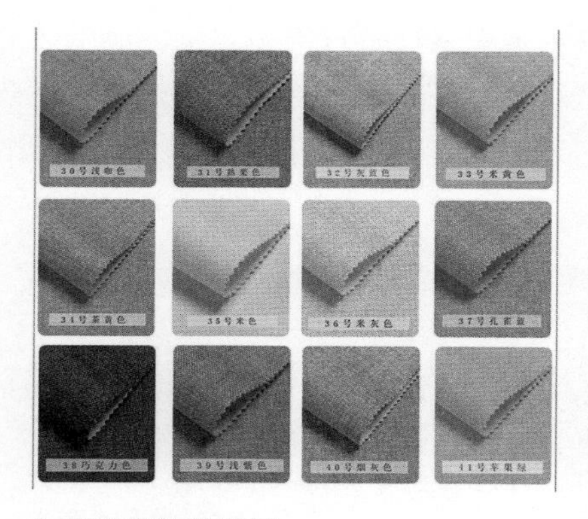

↑墙纸颜色的选择

墙纸在张贴时，如果没有做好防水、防潮处理那么后期可能会出现发霉等状况。

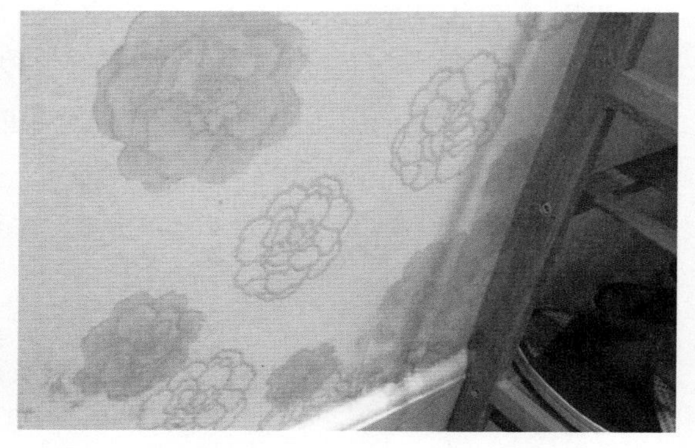

↑墙纸发霉

墙纸的颜色、花色种类繁多，后期万一出现什么问题补救非常困难。

3. 造价高

对比油漆涂料而言，墙纸的价格相对较高，尤其是质量相对较好的墙纸价格尤其高，便宜的质量较差的墙纸价格一般在30～60元/m^2，贵的就在60～100元/m^2。这种价格相对于油漆涂料来说高出很多。同时，墙纸5～8年就得换，以保持它的美观性。这也是大多数人不选墙纸的主要原因。

7.4 在装修中规避墙纸中隐藏的危害

墙纸作为一种新兴的墙面装饰材料，较其他墙面装饰材料来说还是非常环保的。但是这也不能一概而论，但凡是一个事物都会有高低好坏之分，因此部分墙纸之中还是会含有一定的有害物质的。

7.4.1 PVC材质污染

PVC墙纸争议较多，PVC材质的墙纸现在在市场上算是一种比较畅销的墙纸，但是同时它也是存在危害可能性较大的一种材质。

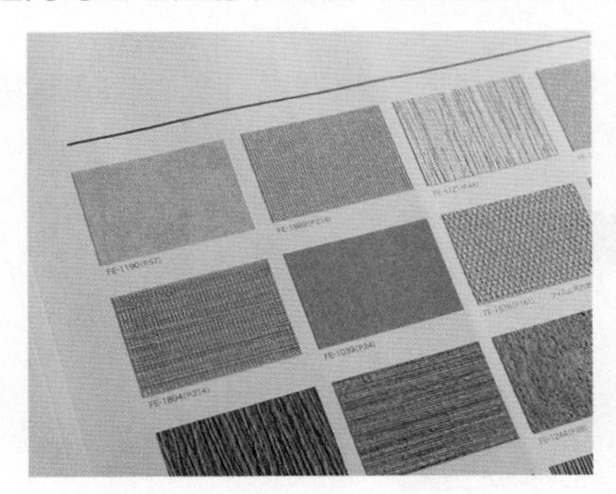

↑ PVC 材质墙纸（1）

PVC 材质的墙纸具有强大的可塑性，能够模仿棉麻、丝绸、天然等各种材质的纹理。

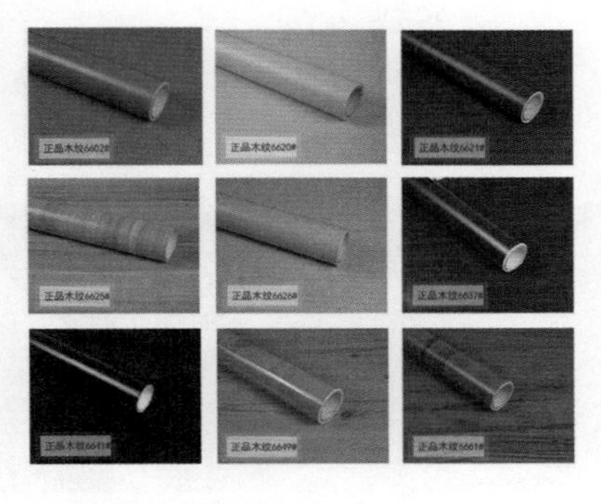

↑ PVC 材质墙纸（2）

PVC 材质的墙纸不仅能够模仿各种布料还能够模仿各种木材的纹路。

PVC材质墙纸之所以受到消费者的质疑还是因为其组成物，一般来说PVC材质的墙纸是没有毒性的，但是PVC所用的聚氯乙烯具有一定的致癌作用。聚氯乙烯是一种有毒有害的物质，长期接触或吸入聚氯乙烯会导致肝癌的发生。

← PVC 墙纸的运用

国家有关规定中对 PVC 材质的墙纸中的聚氯乙烯的含量做出了明确的标准。一般聚氯乙烯的含量在 1ppm 以下就是符合标准的。

7.4.2 墙纸中的助剂污染

墙纸有无污染除了看树脂是否符合标准之外还要看助剂，墙纸中所要用到的助剂一般是稳定剂，稳定剂中的铅盐稳定剂、钡盐稳定剂、镉盐稳定剂等对人体都有一定程度的危害。

1. 铅盐稳定剂

铅盐稳定剂具有超强的热稳定性、卓越的电绝缘性，而且价格低廉，在生产墙纸时添加了铅盐稳定剂后期会在空气中散发对人体有害的物质。

2. 钡盐稳定剂

钡盐稳定剂是一种无机盐类，常常被用于涂料、橡胶、造纸等工业，钡盐家族中除了不溶于水与酸的硫酸钡无毒，其他的钡盐都具有毒性，钡盐中毒的症状主要表现为恶心、腹痛、呕吐、腹泻、心肌受累等。

3. 镉盐稳定剂

镉盐是一种白色晶体，使用了镉盐稳定剂的墙纸，在高温中会散发出有毒的气体，对室内环境造成污染。

↑铅盐

铅盐与 PVC 树脂分解产生的物质会使金属离子不断析出，发生硫化污染。

↑钡盐

杀虫药中含有的氯化钡、碳酸钡等都为可溶性钡盐，毒性极强。

↑镉盐

吸入一定量镉盐，可能会引起急剧的肠胃刺激，有恶心、呕吐、腹痛等症状。可能会发生化学性肺炎、肺水肿。

7.4.3 墙纸生产与施工过程中的污染

墙纸在生产加工的过程中，由于原材料、工艺配方等方面的原因，可能残留铅、氯乙烯、甲醛等有害物质，这些有害物质不能有效控制，将会造成室内空气污染，严重威胁居住者的身体健康。

墙纸美丽的图案大部分都是打印出来的，要打印就需要使用油墨，而油墨中就有一种叫作“铬黄”的物质。铬黄在遇硫化氢时变黑、遇碱时变红，具有一定的毒性。

墙纸粘贴到墙面上所用的材料是胶粘剂，因此胶粘剂的选择也直接关系着居室的空气质量和墙纸的铺贴质量。在选择墙纸的胶粘剂时应考虑其环保性能如何。墙纸胶粘剂在生产过程中，为了使产品有良好的浸透力，通常采用了大量的挥发性有机溶剂，因此在墙纸粘贴施工过程中，有可能释放出甲醛、苯、甲苯、二甲苯、挥发性有机物等有害物质。

↑糯米胶

墙纸胶粘剂的种类很多，其中最环保的就是糯米胶，环保的糯米胶甚至可以食用。

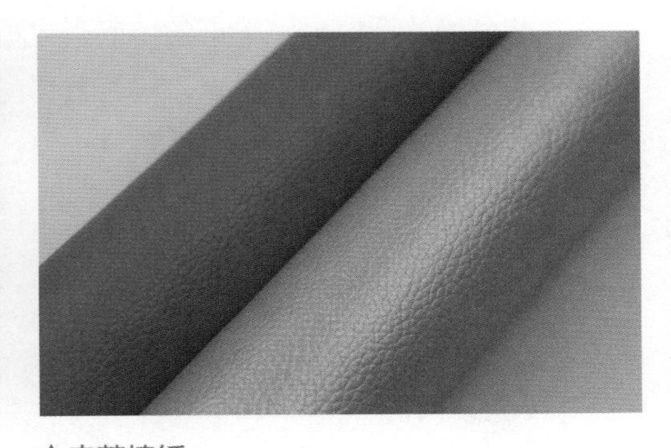

↑皮革墙纸

皮革墙纸作为比较受欢迎的一种墙纸，它潜在的危害相对来说也是最多的。

↑图案美丽的墙纸

图案美丽的墙纸大多数都是用油墨印刷出来的。

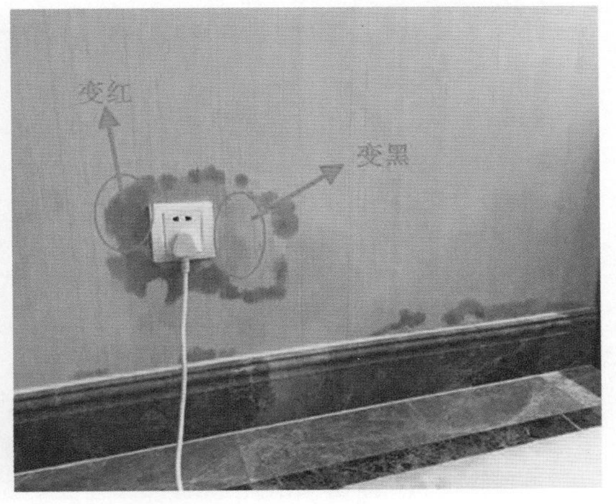

↑变红的墙纸

碱性的水渗透出来，遇到含有铬黄的墙纸就会变红，遇碱性水不变红的墙纸则不含有铬黄。

7.4.4 受潮导致的发霉污染

在对墙纸进行粘贴之前如果没有做好基层的处理，后期墙面就会渗水，墙纸、墙面就会发霉。墙纸最大的一个缺点也就是容易发霉，不像乳胶漆类墙面发霉处理方便，贴墙纸的墙面如果一旦发霉后期处理起来非常复杂。而且发霉的墙面会产生霉菌孢子，对人体的危害非常大，长期接触会有中毒的危险。

在装修中，要对铺贴墙纸的墙面预先进行防水处理，临近厨房、卫生间、阳台或室外空间的墙面要涂刷防水涂料，普通室内墙面要涂刷墙固涂料，对于特别潮湿的房间尽量不选用墙纸材料装饰。

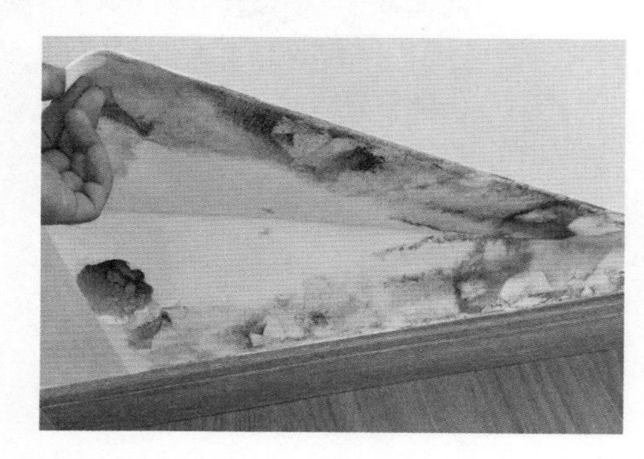

←墙纸发霉

墙纸发霉的情况一般在南方比较常见，因为南方为多雨潮湿的地方，南方家庭贴墙纸一定要及时对房间进行除湿工作。

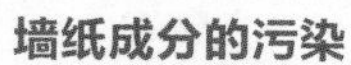

★小贴士

墙纸成分的污染

天然纺织物墙纸，尤其是纯羊毛墙纸中的织物碎片是一种致敏源，很容易污染室内空气。塑料墙纸中含有未被聚合的单体以及塑料老化分解，可向室内释放大量的有机物，如甲醛、氯乙烯、苯、甲苯、二甲苯、乙苯等，严重污染室内空气。如果房间的门窗紧闭，室内污染的空气得不到室外新鲜空气的置换，这些有机物会聚集起来，久而久之，就会使居民健康受到损害。因此，贴墙纸的室内空间应当多开窗通风透气。

7.4.5 绿色墙纸挑选妙招

如何选择质量合格的室内装饰装修工程的墙纸，是室内装饰装修的核心问题，不仅要考虑所购买的墙纸是否符合健康环保要求，质量性能指标是否合格；还要充分考虑墙纸的花色图案是否满足居室的特性要求。

1. 看材质

墙纸的材质包括天然的和合成的，天然的有丝绸墙纸、植物墙纸、木浆墙纸等，合成的有PVC材质的墙纸等。在材料的选择上当然是天然的更好。

2. 看图案

质量好的墙纸图案应精致细腻，有层次感，无色差，色调过渡自然，对花准确。好的墙纸看上去自然、舒适且立体感强。

3. 细擦拭

质量好、环保的墙纸用微湿的布稍用力擦拭纸面，不会出现脱色或脱层现象，脱色的墙纸千万不能购买。

部分墙纸对比一览表（见表7-2）。

表7-2　部分墙纸对比一览表

序号	品种	性能特点	用途	价格（元/m^2）
1	PVC墙纸	外表光洁、干净，花色品种繁多，抗拉扯能力强、综合性能优越、价格低廉	室内墙面铺装	30～50
2	植绒墙纸	质地绚丽华贵，装饰效果独特，易受潮，纤维易脱落	室内墙面局部铺装	50～80
3	墙布	天然、环保、无味、无毒	室内墙面局部铺装	100～800

买回的墙纸展开放置三天，打开门窗通风透气，再进行铺贴，能有效去除有害物质。

↑素色墙纸

素色墙纸适用于外部公共空间，花型与图案能让所有人接受，在视觉上有很强的安全感。

↑图案墙纸

图案墙纸适用于书房、卧室等私密空间，具有很强的个性，适合个人欣赏。

7.4.6 墙纸铺贴正确的施工步骤

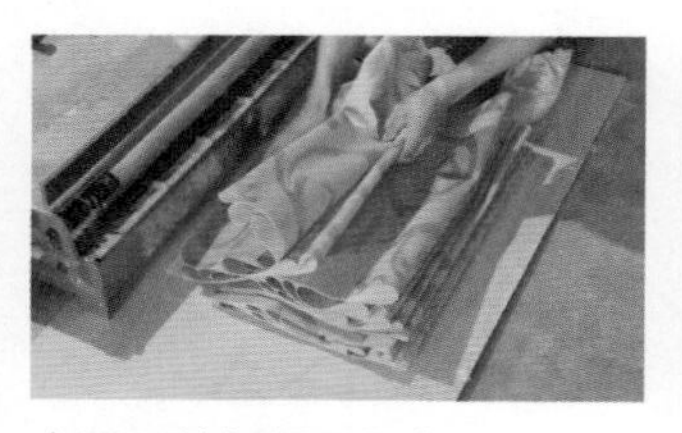
↑展开墙纸通风透气

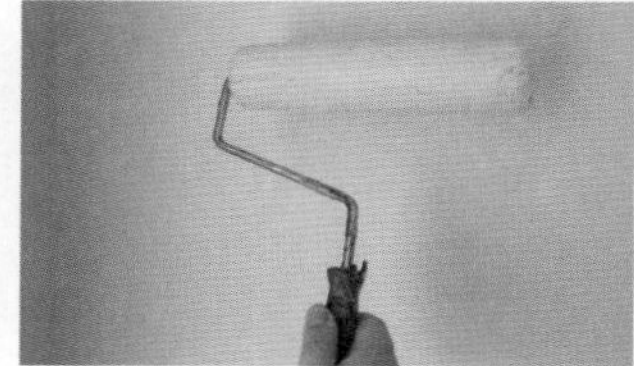
↑墙面滚涂基膜

↑调配墙纸胶

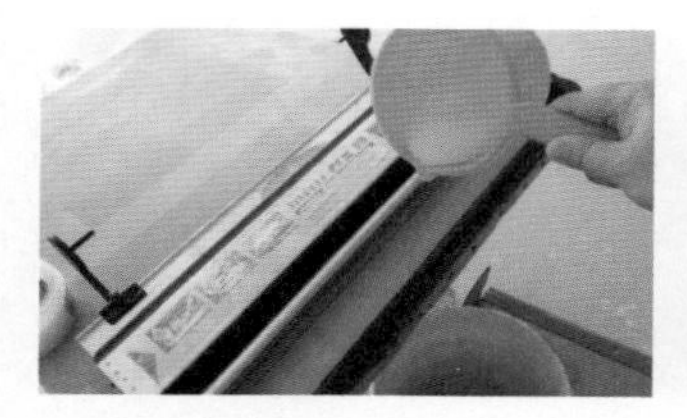
↑墙纸胶倒入涂胶器

↑墙纸涂胶

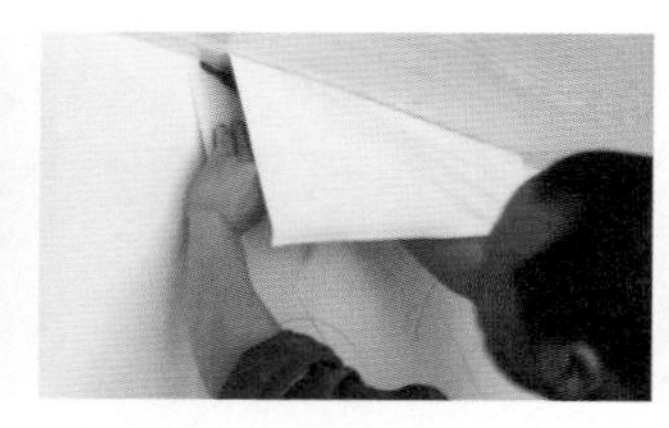
↑上墙对花裁切

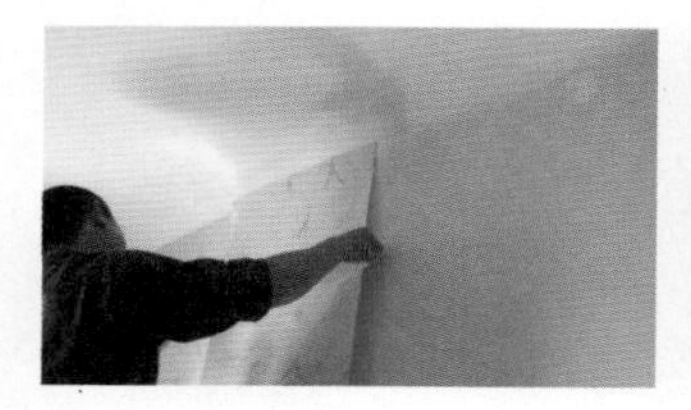
↑对齐铺贴

↑刮板赶压平整

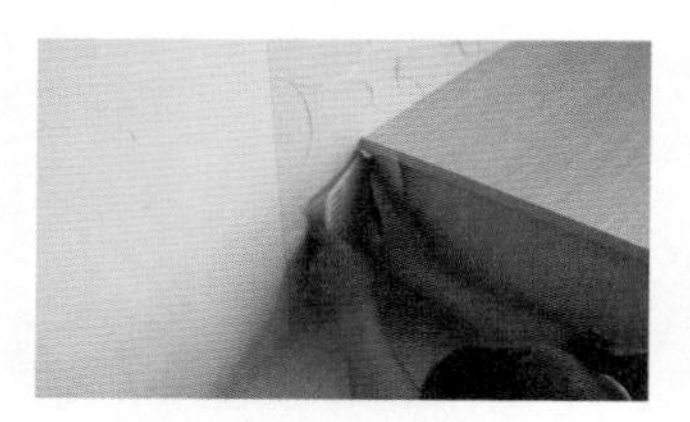
↑边角裁切处理整齐

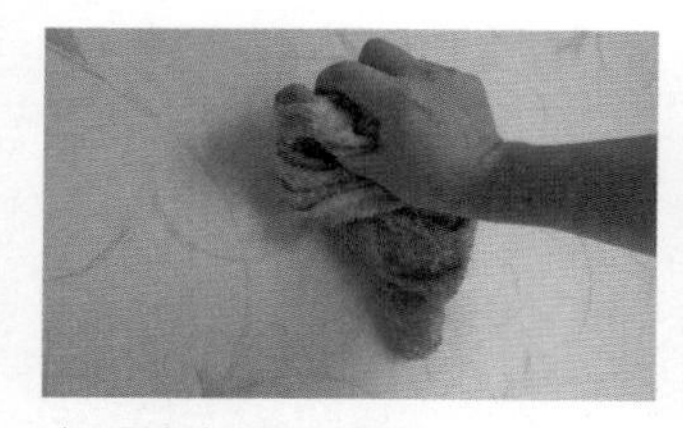
↑湿抹布抚平墙纸

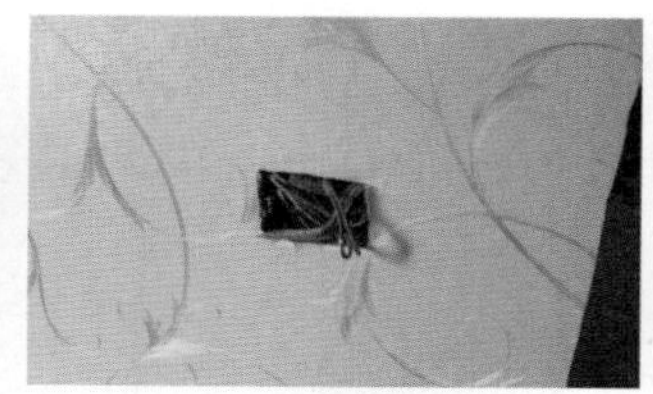
↑开关插座面板部位开孔

↑铺贴完成

墙纸铺贴时要紧闭门窗，防止墙纸边缘胶水快速干燥而导致边角起翘，应当在铺贴完毕5天后再打开门窗通风。

◎本章小结

市面上的墙纸千千万，挑选墙纸不仅要挑选自己喜爱的颜色和样式，还要考虑到所挑选的墙纸是不是适合自己家的装修风格。不仅要看重墙纸的款式、花纹还要时刻注意挑选的墙纸是否绿色环保。

第8章

纺织品挑选要环保

识读难度： ★★☆☆☆

核心概念： 材料、印染、质量

章节导读： 纺织品是纺织纤维经过加工织造而成的一种产品，从广义上说纺织品就是指从纺纱到织布再到制成成品的物品，从狭义上说纺织品就是指梭织布以及针织布。纺织品按照不同的用途可以分为衣着用纺织品、装饰用纺织品以及工业用纺织品三大类。在装修中后期，常用的纺织品作为软装配饰出现的是地毯、窗帘和床上用品。

8.1 必不可少的窗帘

谈到窗帘，我们自然而然就会想到生活中各式各样的布质窗帘，其实在我国古代，也有窗帘这个概念，只不过布料相对比较昂贵，人们一般用纸或者草、竹遮盖在窗户上，来将其作为窗帘，而这种窗帘仅仅只能起到遮阳挡风的作用。

↑竹帘

竹质的窗帘质量较重，和纸质的窗帘相比寿命较长，但美观性不佳，安装在窗户外的竹质窗帘长久经受雨水的冲刷，容易被腐蚀。

↑真丝窗帘

真丝窗帘具有较好的抗紫外线功能，而紫外线对人体皮肤是十分有害的，在日光照射下，真丝窗帘容易泛黄，在使用中要注意经常保养。

随着现代科技的飞速发展，制作窗帘帘布的材质有了质的突破，出现了很多以铝合金、木片、无纺布、印花布、染色布、色织布、提花印布、广告布等制作而成的简约窗帘，还有各类具备有阻燃、节能、吸音、隔音、抗菌、防霉、防尘、防水、防油、防污、防静电、报警、照明等不同功能的窗帘，至此，真正意义上的窗帘布艺开始发展起来（见表8-1）。

表8-1　　部分窗帘布艺分类

名称	概念	特点
印花布	在素色坯布上用转移或圆网的方式印上色彩、图案的称为印花布	色彩艳丽、图案丰富、细腻
染色布	在白色坯布上染上单一的颜色称为染色布	颜色素雅、自然

续表

名称	概念	特点
遮阳布	遮阳布一般用来遮盖物品，起到避免与强光接触的作用	冬日隔寒、夏日隔热，同时具有很好的私密性
提花印布	把提花和印花两种工艺结合在一起称为提花印布	提花效果显著，色彩丰富柔和，质量较好

8.1.1　窗帘布料的品种

窗帘布料是制作窗帘不可缺少的一部分，可以说没有了布料，就没有了窗帘，不同材质的布料会给人不一样的感觉，也会产生不同的影响。

从材质上来选

在挑选窗帘时我们必须要了解到窗帘布料的薄厚、纤维构成以及是否进行过特殊处理，这些会对今后窗帘的使用产生很大影响，在挑选窗帘的原料布时要重点注意。

↑天然纤维

天然纤维的面料质感比较好，而且触感适度，但是耐高温性能比较差，一般选择人造纤维较好，价格适中，耐缩水性、抗皱性以及耐变色性都很不错。

↑麻质面料

麻质面料垂感好，肌理感强，比较耐拉扯，使用寿命较长，价格也比较适中。

↑棉质面料

棉质面料质地较柔软，手感好，选购时要看是否有拉丝，颜色的明亮度如何等。

↑真丝面料

真丝面料高贵、华丽，由 100%天然蚕丝构成，自然、粗犷、飘逸，且层次感强，但价格较昂贵。

8.1.2 窗帘常规保养方法

刚买回来的窗帘一般都会有异味，使用时会令人感觉到不舒服，因此，我们需要对窗帘做一个小小的处理，使其使用起来更卫生、更环保。

1. 清洗

制作窗帘必定会用到化学添加剂，所以甲醛是肯定会存在的，甲醛是溶于水的，通过清洗窗帘可以有效去除窗帘中的部分污染，如果清洗完以后没有味道了，但是挂上一段时间以后窗帘又有味道了，说明室内空间中存在有有其他的污染源，需要另外处理。

窗帘材质不同，清洗方法也不同，可以依据这些窗帘材质的特点来选择合适的清洗方法，一般在夏季窗帘建议2个月洗一次，洗完后尽量自然风干，不要脱水或者烘干，烘干可能会影响窗帘的质感以及其收缩度；也不要暴晒，暴晒会缩短窗帘使用寿命。

↑布艺窗帘

布艺窗帘一般都具有吸附功能，窗帘会吸附空气中的污染气味，因而要经常清洗。

↑清洗

如果在家中清洗窗帘，可以先用软刷对局部进行刷洗，然后放入洗衣机内浸泡十几分钟后再洗涤。

2. 通风

安装窗帘后要每天开窗通风，让空气的流动，将有害气体排到室外，这也是一种最简单有效的方法，唯一不好的地方就是甲醛释放的周期比较长。

3. 活性炭包吸附

活性炭具有很强的吸附能力，在生活中有很多地方会用到，活性炭包的使用初期效果非常好，这是因为活性炭的孔隙具有吸附性，孔径越小，吸附能力会越强。将活性炭包吊挂在窗帘上可以起到去除窗帘中有害物质的作用。

活性炭在经过高温暴晒后是不能继续使用的，我们所知的阳光最高温度才50℃左右，只能蒸发活性炭内部的水分，基本上一个月之后活性炭包的吸附能力就会大大地减弱，因而要想长期除菌以及去除窗帘异味就必须要定期更换活性炭炭包。

↑窗帘吸尘

窗帘最好用吸尘器每周除尘一次，尤其要注意去除棉织窗帘折叠处堆积的灰尘，这样也有助于后期的深层次清洗。

↑百叶窗帘清洁

百叶帘在日常清洗中要先将窗户关好，在窗帘上喷洒适量清水或擦光剂，然后用抹布擦干，如此即可使窗帘保持较长时间的清洁光亮。

8.1.3　根据布料材质特殊保养方法

1. 普通布料窗帘

这里所说的普通布料指的是没有添加其他成分的纯布料，这种布料价格比较便宜，花样款式不多也不算少，综合性能属于中等水平，使用频率也在中等范围内。

2. 棉麻窗帘

棉麻是一种较为粗厚的棉织物，这种织物具有很强的坚韧性，同时也具备有很好的防水性，棉麻窗帘便是用这种布料制作而成的，棉麻窗帘清洗后难干燥，因此不宜在水中直接清洗，宜用海绵蘸些温水或肥皂溶液来回抹，待晾干后卷起来即可。

←衣物柔顺剂

清洗棉麻窗帘时可以加入少量的衣物柔顺剂，这样可以让窗帘在清洗后更柔顺、更平整。

3. 窗帘洗涤标志

在清洗窗帘之前要仔细阅读窗帘底侧两边的洗涤标志说明，有一部分窗帘是不需要经常清洗的，这一点要注意，同时为了避免灰尘累积从而影响色彩的效果，布艺窗帘建议半年或者一年左右洗涤一次（见表8-2）。

表8-2　　窗帘的洗涤标志一览表

图例	洗涤方法	图例	洗涤方法
	可干洗 Dryclean		可用中温熨烫150℃ Iron on medium heat
	可用各种干洗剂干洗 Compatible with any drycleaning methods		可用高温熨烫200℃ Iron on high heat
	可用冷水机洗 Wash with cold water		不可用漂白 Do not bleach
	可用温水机洗 Wash with warm water		不可转笼干燥 Do not tumble dry
	可用热水机洗 Wash with hot water		悬挂晾干 Dry
	可用低温熨烫100℃ Iron on low heat		平放晾干 Dry flat

8.1.4　窗帘纺织品中的危害

随着科技的发展，现在市场上涌现许多材质的窗帘，像遮光窗帘就有物理遮光和化学遮光之分。新型材料的涌现虽然在一定程度上提高了人们的生活品质，但是凡事都有两面性，窗帘的品种多了相应的污染源也变多了。

除了一般的白色布料不需要进行印染之外，其他凡是带颜色的布都要经过印染才能够投入使用，而印染所用的染料就是产生污染的一大源头。

1. 偶氮染料

偶氮染料是现染料市场中品种数量上最多的一种染料，由染料分子中含有偶氨基而得名。 其生产过程中最主要的化学过程为重氮化与偶合反应，其反应过程受多种反应条件的影响。偶氮染料在应用上具有合成工艺简单、成本低廉、染色性能突出等优点，但是其会发生还原反应形成致癌的芳香胺化合物， 因此部分偶氮染料。

↑紫草

天然染料的来源一般是植物或者矿物质，布料的染料多在植物中提取。

↑染料

众所周知的欧丹染料有苏丹红，属于合成型偶氮染料。

2. 致癌染料

致癌染料是指未经还原等化学变化即能诱发人体癌变的染料。目前已知的可致癌芳香胺有23种，由这些芳香胺合成的染料有200多类。这些染料具有非可溶性，用水洗不掉的，使用了这类有毒染料的布料在与人体接触的过程中，有毒物质不可避免地会被皮肤吸收，通过还原反应和活性作用，使人体内细胞的DNA发生结构和功能改变，从而诱发癌症。

3. 致敏染料

纺织品中的致敏染料是指某些会引起人体或动物的皮肤、黏膜或呼吸道过敏的染料。 为了降低生产成本及增加出口竞争力，目前国内部分纺织印染企业在生产过程中会使用到分散染料。

分散染料主要用于醋酯、聚醋（涤纶）、聚酷胶（锦纶）纤维的染色过程中。然而，部分过敏体质的人群在穿着这类使用了致敏染料的服装后，会导致皮肤过敏现象的产生。

↑锦纶
锦纶主要是用于合成纤维，耐磨性高是它最明显的优点。

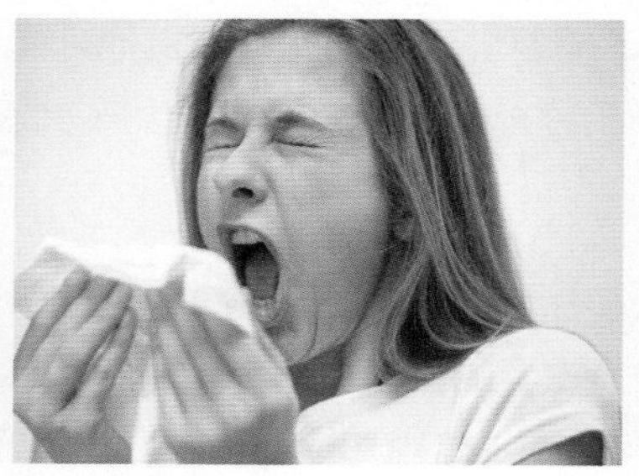
↑过敏
因为布料导致的过敏反应轻者会不停打喷嚏，重者甚至会出现休克。

↑品红
品红分酸、碱性染料，呈粉红粉末结晶状，溶于水。常用于羊毛、丝绸织物和锦纶织物的染色。

4. 三芳基甲烷染料

部分三芳基甲烷染料除了会对眼睛有很大的刺激性作用之外还会有致癌的风险。三芳基甲烷染料是甲烷分子中的氢被苯取代从而形成发色结构的一种染料。现在常见的三芳基甲烷染料主要有品红、孔雀绿、甲基紫等。三芳基甲烷染料除了用于布料染色之外还会被用于纸张、皮革的染色。

8.1.5 正确选购窗帘布料

窗帘布料必须满足其基本的性能要求，这一点可以在窗帘的出产标识上查看，主要查看的内容有防火标准、防火等级、有害物质含量、环保标准、功能、工艺作用以及甲醛含量等。

其中布料中有害物质含量要符合GB 18410—2010《国家纺织产品基本安全技术规范》与GB 50325—2010《民用建筑工程室内环境污染控制规范》中的要求，确保制作而成的窗帘不会对人体健康有害。

（1）布料中化学成分的含量不可以超过国家最新颁布的相关标准和规范要求。

（2）窗帘布料要具有基本的性能，如不起皱、不褪色、日晒色牢度达到5～6级、垂感好、耐脏、易清洗、不易藏污垢、色彩柔和以及无异味等。

（3）窗帘布料还必须经过防污、防油渍、抗变形以及抗静电处理。

（4）甲醛含量也必须符合国家标准E1排放标准，如以PVC包覆聚酯纤维为原材料精心织造的产品，不能包含玻璃纤维成分。

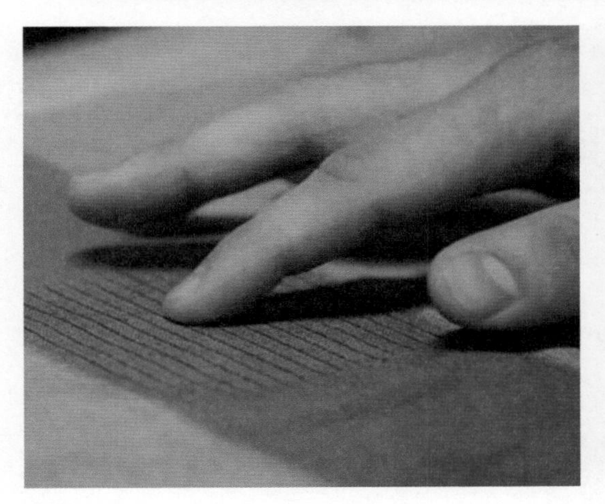

↑触摸

可以通过触摸窗帘布料来感受其柔滑度，还可以通过嗅觉来查看其是否有异味，是否闻过之后身体会很难受。

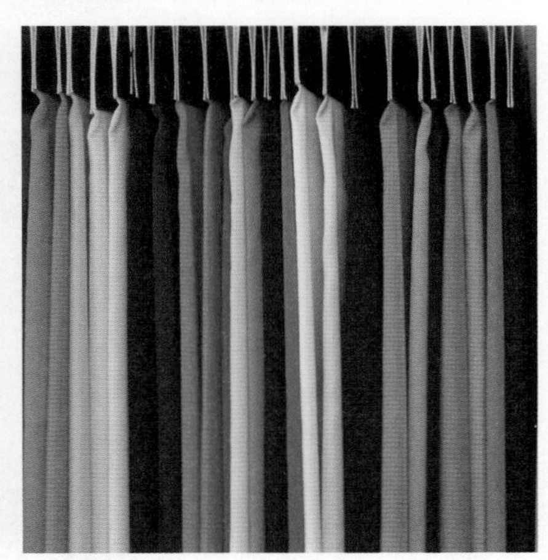

↑布料小样

可以从窗帘布料介绍册或小样上查看布料的相关指标，也可以通过色卡以及触摸小样来感受布料的色度和质量。

★小贴士

正规厂家的成品窗帘生产成本比小作坊自己加工窗帘要高出许多，小作坊加工利润可以高达 100%甚至更高，但是成品窗帘的利润一般在 50%～70%，所以导致了现在窗帘市场上“伪”品牌的流行。小作坊生产出的窗帘因为无人监管所以品质无法保证，这就需要消费者在挑选窗帘时擦亮眼睛。以下为部分布料材质对比一览表（见表 8–3）。

表8–3　　部分布料材质对比一览表

序号	材质	特征	适用场所
1	天然纤维面料	触感适度，但是耐高温性能比较差，价格适中，耐缩水性、抗皱性以及耐变色性不错	客厅、厨房、卫生间
2	麻质面料	垂感好，肌理感强，比较耐拉扯，使用寿命较长，价格也比较适中	客厅、书房、卧室
3	棉质面料	质地较柔软，手感好，环保性能高，外观高级	客厅、书房、卧室
4	真丝面料	外观看起来高贵、华丽。一般为100%天然蚕丝构成，比较自然、粗犷、飘逸，且层次感强，但价格较昂贵	卧室、书房

8.2 经久耐磨的地毯

地毯是一种高档的地面装饰品，我国是世界上生产地毯最早的国家之一。地毯不仅具有隔热、保温、隔声、吸声、降噪、吸尘、柔软的特点，而且在铺设之后还具有很高的观赏性。

↑圆形装饰地毯

北欧风格的装饰装修中，地毯的原始作用被降低，逐渐成为了一种装饰品。

↑地毯与挂毯

在我国北方的游牧民族家中，地毯就相当于地板，挂毯能够抵御严寒。

8.2.1 地毯的耐磨等级

地毯的厚度决定了它的耐磨性是软装装修材料中最强的材料。地毯的款式、品种繁多，数不胜数。而在这之中地毯的品质当然也有一个高低之分，一般对地毯的分类主要是按照图案、规格尺寸、材质、编制工艺等内容进行分类。在装饰工程中，地毯按照使用场所的不同一般分为六个等级（见表8-4）。

表8-4　　地毯等级一览表

序号	地毯等级	使用场所
1	轻度家用级	不常用的房间
2	中度家用级（或轻度专业使用级）	主卧室或家庭餐厅中

续表

序号	地毯等级	使用场所
3	一般家用级（或中度专业使用级）	起居室、楼梯、走廊等行走频繁的位置
4	重度家用级（或一般专业使用级）	重度磨损的位置
5	重度专业使用级	特殊要求场合
6	豪华级	高级装饰的场合

8.2.2　地毯材质多样

地毯的材质众多，但是主要有以下几种。

1. 剑麻地毯

剑麻地毯主要是采用植物纤维剑麻（西沙尔麻）为原料，经纺纱、编织、涂胶、硫化等多种工序而制成的，剑麻地毯主要分为素色和染色两种。

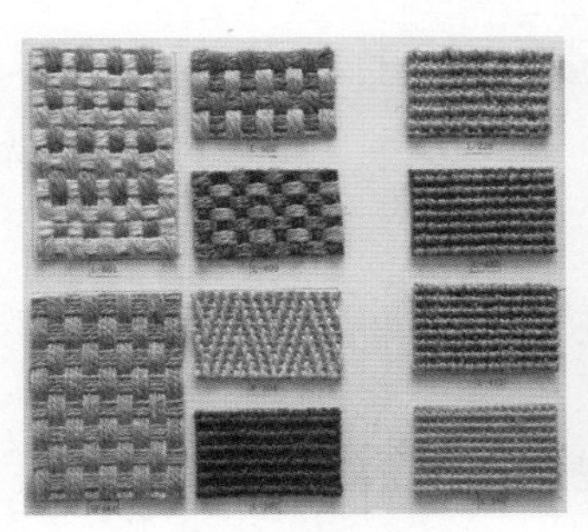

↑ 剑麻地毯花色品种

↑ 剑麻地毯

左图：剑麻地毯有斜纹、罗纹、鱼骨纹、帆布平纹、多米诺纹等多种花色品种。

右图：剑麻地毯具有耐酸、耐碱。

2. 橡胶地毯

橡胶地毯的成分主要是天然橡胶，橡胶地毯具有隔潮、耐蚀、绝缘、防滑、防蛀、防霉以及清扫方便等特点。

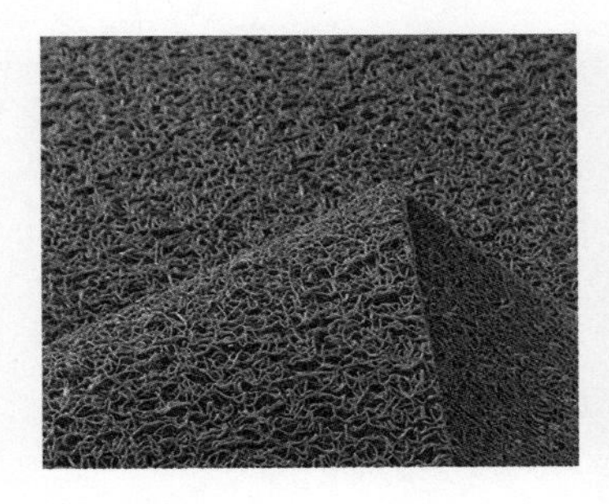

↑ 橡胶地毯

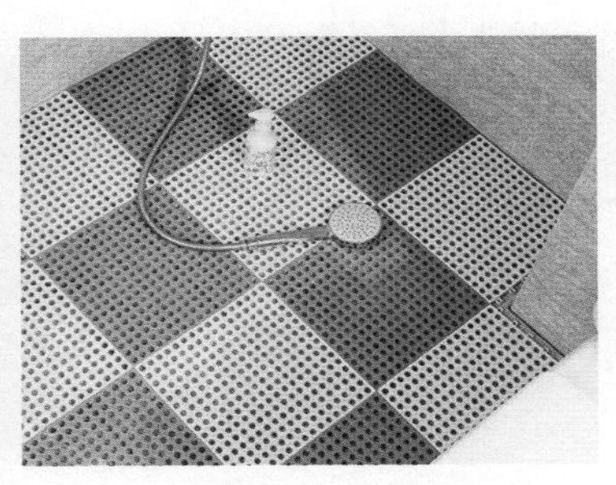

↑ 橡胶地毯的使用

左图：橡胶地毯具有色彩丰富、脚感舒适、剪裁方便的特点。

右图：橡胶地毯因为材质的原因常用于淋浴房等接触水比较多的地方。

3. 混纺地毯

以羊毛纤维与合成纤维混纺后编制而成的地毯就是混纺地毯，因为合成纤维品种多，性能各不相同，所以当混纺地毯中所用的合成纤维的品种或者配比不同时，制成的混纺地毯的性能也各不相同。

↑混纺地毯

具有保温、耐磨、抗虫蛀、强度高等优点，同时混纺地毯价格适中，性价比高。

↑新疆纯羊毛地毯

新疆羊毛地毯是采用和田羊羊毛为原料，毛质纤维粗，宜织造，光泽如丝，染色鲜艳，色彩固著力强。

4. 纯毛地毯

纯毛地毯一般指的就是羊毛地毯，主要是以粗羊毛为主要原料，采用手工编织或者机械编织而成，纯毛地毯具有质地厚实、不易变形、不易燃烧、弹性较大、拉力较强、隔热性能好、图案清晰等优点。同时纯毛地毯具有极高的观赏价值，是一种高档的铺地装饰材料。

5. 化纤地毯

化纤地毯也就是常说的合成纤维地毯，主要是用机织法将合成纤维制成面层，在和麻布背衬材料复合处理而成。

←尼龙（锦纶）化纤地毯

化纤地毯又有尼龙（锦纶）、聚丙烯（丙纶）、聚丙烯腈（腈纶）、聚酯（涤纶）等不同种类。室外门前应当选用耐磨性更好的尼龙（锦纶）化纤地毯。

8.2.3　正确选购地毯

环保地毯在环境中起到很大的作用，同坚硬的地面相比，在环保地毯上步行感觉舒适、柔软。以下将向消费者介绍该如何选购优良品质的地毯。

1. 看色牢度

在挑选环保地毯时首先要看的就是色牢度，用手在毯面上反复摩擦，看手上是否有染色。如沾有颜色，则说明该产品的色牢度不佳，导致地毯在铺设使用中易出现变色和掉色，对室内环境及人体会存在一定的危害，同时也会影响到地毯在铺设使用中的美观效果。

2. 看外观质量

在挑选环保地毯时外观质量也是可以人眼鉴别的，在看外观质量时首先要看毯面是否平整，有无色差。接着进一步检查是否有渗胶、脱衬等现象，当涂胶量过多或者所使用的胶液黏度过小时就会出现渗胶现象，涂胶过多就会造成室内的环境污染，而胶液黏度过小则说明胶液质量较差，污染较大。

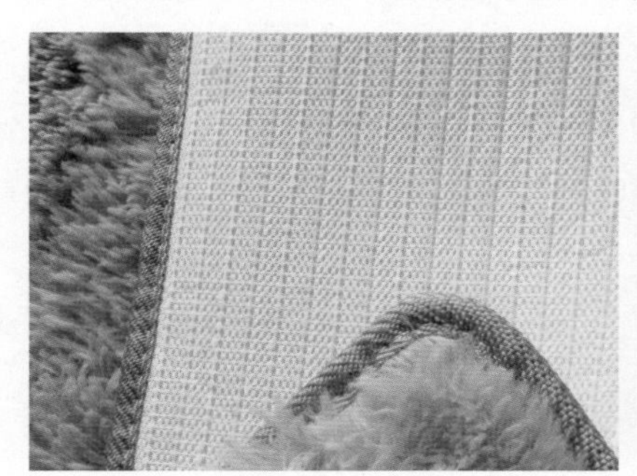

↑看外观质量

看地毯外观质量时也不能只看地毯正面绒毛的质量，背面也是关键。

↑看绒头

绒头耐看不耐用的地毯不抗踩踏，易失去地毯特有的性能。

3. 看地毯的绒头密度

环保地毯的绒头质量要高，毯面的密度要很丰满，这样的地毯不仅环保，由于结构优良还具有耐踩踏、耐磨损、舒适耐用的优点。但是消费者千万别采取挑选长绒毛的方法来挑选地毯，因为有的地毯表面上看起来绒绒的挺好看，但绒头密度稀松，绒头易倒伏变形。

4. 看地毯背衬剥离强力

背衬剥离强力，通俗一点来说，就是要看它容不容易脱落。通常簇绒地毯的背面用胶乳粘有一层网格底布，按标准规定背衬剥离强力指标≥25N的力值。消费者在挑选该类地毯时，可用手将底布轻轻撕一撕，看看黏结力的程度，如黏结力不高，底布与毯体就易分离，这样的地毯不耐用。

★小贴士

地毯的花纹与地毯对环境的污染有一定联系，浅色地毯虽然容易受到污染，但是没有经过深入染色，对环境的污染较小，而那些深色地毯往往经过多次染色，对室内环境有较大影响。此外，碎小花纹地毯往往深色较多，对环境的污染也较大。以下为部分地毯花纹分类一览表（见表8-5）。

表8-5　　部分地毯花纹分类一览表

序号	地毯名称	特点
1	仿古地毯	主要以古代的古纹图案、花鸟鱼虫、山水风景为题材，给人以古色古香之感
2	素凸式地毯	色调清淡、纹样剪后清晰美观，犹如浮雕，富有幽静、雅致的情趣
3	彩花式地毯	以黑白为主色，佩以小花卷纹草等图案，图案清晰活泼，华贵大方。
4	美术式地毯	突出美术图案，构图完整、色彩华丽、富有层次感，具有富力堂皇的艺术风格
5	北京式地毯	主调图案突出、图案工整对称、色调典雅、庄重古朴、图案具有寓意及象征性

←客厅地毯铺装

位于建筑低层的房间容易受潮，不宜采用纯毛地毯，可以选择抗污染防霉性能更好的化纤地毯，但是化纤地毯会引起部分人群过敏，因此可以减小地面铺装面积。

8.3　柔软舒适的床上用品

人的一辈子大概有1/3的时间是在床上度过的，所以床上用品的选择是最重要的。床品的挑选是否环保严重影响着人体的健康。

床上用品的标准配置是：床垫 + 床单 + 被子 + 两个枕头，当然也有更加高级的配置：超大鹅绒枕头 + 装饰枕头 + 标准不过敏枕头 + 床单 + 棉被 + 羽绒被 + 床笠 + 床基。

↑ 普通配置床品

一般家庭使用的都是普通配置床上用品，满足基本的需要即可。

↑ 高级配置床品

高级配置的床上用品不仅看上去华丽而且舒适度非常高。

8.3.1　床上用品的种类

床上用品的原材料主要有天然纤维和化学纤维两种。天然纤维中主要用作床上用品的材料有棉、蚕丝两种。化学纤维又分为再生纤维和合成纤维两种，再生纤维中常用于床上用品的材料有莫代尔、涤纶、天丝、竹纤维等。

↑天然蚕丝被

天然蚕丝被不仅有良好的御寒力和恒温性而且有防螨、抗菌的能力。

↑莫代尔面料

莫代尔具有优良的可染性以及染后色泽鲜亮的特点。

再生纤维中的天丝、莫代尔都是从木浆中提取出来的植物纤维，竹纤维显而易见就是从竹浆中提取出来的，但是涤纶就是纯粹的化学合成纤维。就所有材料而言涤纶的使用范围更广，像是常见的天鹅绒、钻石绒、水晶绒等都是以涤纶作为主要原料，区别只是工艺不同而已。

↑钻石绒

钻石绒工艺精湛、色泽亮丽、保暖性好、不易褪色。

↑水晶绒

天鹅绒面料质地较重，具有奢华的气质，搭配丝绸、蕾丝更有魅力。

床上用品中最常见的一种织法是斜纹织法，斜纹织法的床品较为平滑，舒适度也非常不错，斜纹织法的床上用品一般在冬季比较受欢迎，因为它的保暖性好。还有就是缎纹织法，这种织法相较于斜纹织法来说密度更高、不会缩水、更加丝滑、有丝绸质感。

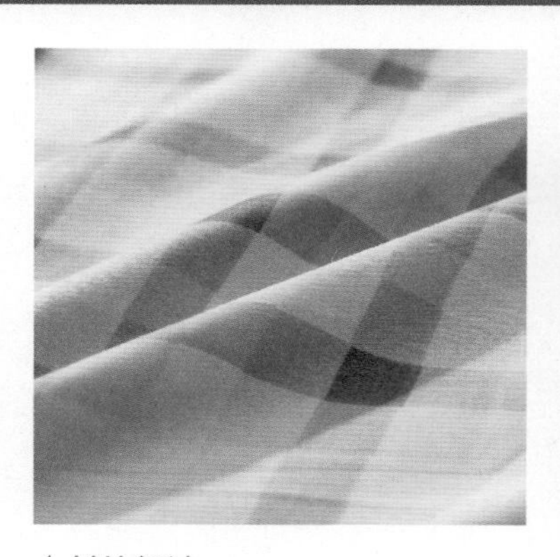

↑斜纹织法

斜纹床品可以加上磨毛工艺也是一种不错的制作工艺，这种床品在冬天会更受欢迎。

↑缎纹织法

缎纹的床上用品比较顺滑凉爽，适合春夏使用。

8.3.2　正确选购床上用品

一般床上用品布料的印染方式主要有两种，一种是传统的涂料印染，另一种是活性印染。

1. 涂料印染

染料通过黏合剂和织物物理结合的印染方式，涂料印染与活性印染相比价格低廉、工艺简单因此非常受小作坊的欢迎。

涂料印染的布料色牢度差，环保性能差，甲醛含量高。不添加柔软剂布料会比较硬，加了柔软剂，甲醛含量就会升高。

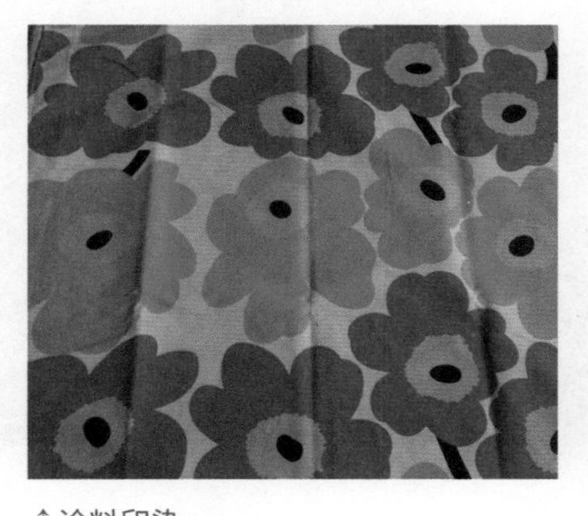

↑涂料印染

涂料印染印花色彩晦暗，颜色不鲜亮，给人以颜色浮于布面的感觉。

↑活性印染

活性印染色牢度良好，手感柔软，色彩鲜亮明快。

2. 活性印染

在染色和印花过程中，染料的活性基因与纤维分子形成结合，发生化学反应，使得染料和纤维形成一个整体，面料防尘性优良、洁净度高、色牢度高。在印染过程中，活性印染不添加偶氮和甲醛，不含对人体有害的物质。

3. 床上用品的选用

（1）看做工。正规厂家做工工艺精致、平整、无针眼，而伪劣产品有线迹较长、针眼明显、线迹稀密不均匀等现象。

（2）看商标。正规厂家的每个产品都有相应的商标，商标上有产品型号、洗涤方法、面料质地等，且有固定的商标位置。

（3）摸手感。活性印染与涂料印染的区别在于活性印染的面料手感滑软，看起来像丝光棉，而涂料印染的面料手感僵硬。

（4）闻味道。涂料印花加了很多黏合剂，没有经过水洗处理就直接定型，所以成品布料当中会有较浓的味道。

（5）看光泽。涂料印花面料在出厂前都经过“轧光”工序，所以消费者会有布面油亮的感觉，但这种油亮感是一次性的，水洗一次之后就没有了。

↑卧室床上用品

床上用品不仅在于使用，还在于装饰，样板间中的床上放置更多各色枕头是为了提升样板间的视觉效果，但是不宜将过多床上用品暴露在流通的空气中，它会吸附空气中的异味，污染睡眠环境。

8.4 纺织品中的有毒物质与影响

随着科技的发展，出于对人类身体健康的考虑以及对生态自然的保护，国际上对纺织品有毒物质的禁用范围不断扩大。

8.4.1 pH值

pH值是衡量水体酸碱度的一个指标，它还有一个别名叫氢离子浓度指数或是酸碱值。为了防止病菌的侵入人体皮肤表面一般呈微酸性，因此纺织品的pH值应在微酸性和中性之间才有利于人体的健康。正常pH值为6～7为佳。

8.4.2 甲醛

甲醛作为常用交联剂而广泛存在于纺织品中，除了交联剂，甲醛的使用范围还包括树脂整理剂、固色剂、防水剂、柔软剂、黏合剂等，涉及面非常广。

含有甲醛的纺织品在穿着或使用过程中，部分甲醛会释放出来，对人体健康会造成很大损害。

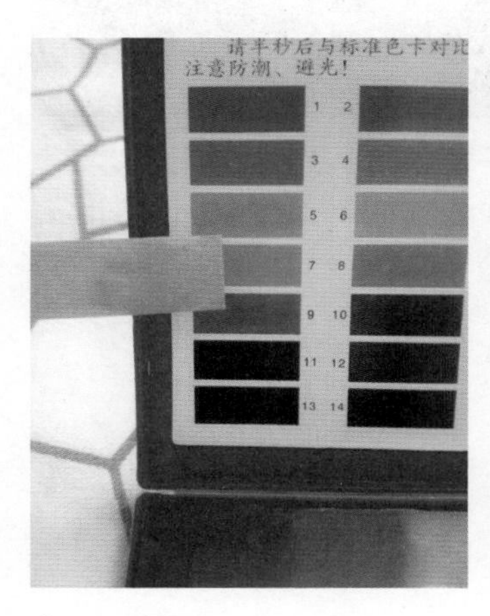

↑ pH 试纸

pH 值是检测溶液中氢离子活度的一种标度，也就是通常意义上溶液酸碱程度的衡量标准。

↑ 服装制作

甲醛对人体呼吸道和皮肤能够产生强烈的刺激，能够引发呼吸道炎症和皮肤炎。

8.4.3 防霉防腐剂

防霉防腐剂主要作用是抑制微生物的生长和繁殖，从而延长产品的保存时间，抑制物质霉烂和腐败。纺织品、皮革制品和木材、浆料等物质一直以来所采用的防霉防腐剂一般是氯酚或五氯苯酚，这两种物质对人体具有致畸性和致癌性。

8.4.4 杀虫剂

天然植物纤维，在种植中会用到多种农药，比如各种杀虫剂、除草剂、落叶剂、杀菌剂等。其中有一部分会被纤维吸收，之后在纺织品加工过程中绝大部分被吸收的农药会被去除。但仍有可能有部分农药会残留在产品上，这些农药对人体的毒性强弱不一，它们中有些物质非常容易通过皮肤被人体所吸收，从而对人体产生一定量的毒性。

8.4.5 可萃取重金属

使用金属络合染料是纺织品中重金属污染的重要来源，而天然植物纤维在生长过程中也可能从土壤或空气中吸收重金属，此外，在染料加工和纺织品印染加工的过程中， 也可能带入一部分重金属。

↑防腐剂

防腐剂主要工作原理是干扰微生物的酶系，破坏其正常的新陈代谢。

↑棉花

棉花作为布料的主要组成成分，不喷洒农药就会产生严重的虫害。

↑土壤重金属

重金属对人体的累积毒性是相当严重的。当受影响的器官中重金属积累到某一程度时，便会对人体健康造成无法逆转的巨大损害。

8.4.6 有机锡化合物

有机锡化合物是锡和碳元素直接结合所形成的金属有机化合物，有机锡化合物主要来自纺织品生产过程中添加的防腐剂和增塑剂。有机锡化合物通过纺织品进入体内可能影响人体中枢神经系统会造成脑白质水肿、细胞能量利用中氧化磷酸化过程受障、胸腺和淋巴系统的抑制作用、细胞免疫性受妨害、激素分泌抑制引起糖尿病和高血脂病等。

8.4.7 PVC肽酸盐软胶添加剂

PVC肽酸盐软胶添加剂常被称为增塑剂，PVC肽酸盐软胶添加剂的作用主要是对PU和PVC涂层进行整理。经科学实验和测试证明，PVC肽酸盐软胶添加剂是一种对人体健康有危害的物质。

↑ PVC 肽酸盐软胶添加剂

PVC 肽酸盐软胶添加剂一般情况下使用较少，知道的人也很少。

↑染布

气味就是气体，是挥发物，它是一种很小分子的物质，很容易变成气体。

8.4.8 气味

气味是一种溶解于空气中的化学物，大部分的气味都能够被人类的嗅觉系统感应到，气味有使人愉快及使人不快两种。如果纺织品上出现浓度过大的气味（如霉味、鱼腥味或其他异味），都表明纺织品上有过量的化学残留，有可能对健康造成危害。因此室内所用的纺织品仅允许有微量的气味存在。

8.4.9 纺织品中有害物质对人体的影响

纺织品中的有害物质主要是指人们在长期接触的过程中，在一定的条件下产生的可能对人体有危害的物质。这种有害物质产生之后的影响不会像涂料中的甲醛等有害物质一样能够快速产生不适感，它们是在与人体长期接触之后慢慢才显现出来的。

在纺织品的有毒有害物质中，众所周知的两种物质一种是甲醛另一种就是芳香胺。甲醛可以说是消费者最惧怕的一种有毒有害物质，但是对比芳香胺来说甲醛就是小巫见大巫了，之所以这样说是因为，首先可分解芳香胺致癌性远比甲醒厉害，其次因为甲醛有刺激性气味，很容易分辨，且易溶于水，消费者买回纺织品后，一般用清水洗一下就可去除大部分甲醛，但含可分解芳香胺的染料，从纺织品外观无法发现，只有通过技术检验才能发现，并且很难将其消除。

可分解芳香胺的主要来源是纺织品中的偶氮染料，偶氮染料在与人体长期接触的过程中，它的有害成分很容易被皮肤吸收并扩散，在特殊条件下可产生二十多种致癌芳香胺，致癌芳香胺被皮肤吸收扩散可改变DNA结构，引发病变诱发癌症。

可分解芳香胺因为染料色泽多样、制造简单、价格低廉，所以被很多中小纺织品企业运用到面料的制作上，这类染料在与人的皮肤接触后，可引发人类恶性肿瘤物质，导致膀胱癌、输尿管癌、肾盂癌等恶性疾病。

为了使纺织品能达到防皱、防缩、阻燃等效果，同时为了保持印花、染色的耐久性，以及改善手感，在纺织品后期整理过程中必须要加入助剂，而助剂的重要组成部分就是甲醛。消费者在使用甲醛含量超标的纺织品后，轻者会发生皮肤过敏，出现红肿、发痒等症状，重者会连续咳嗽，继而引发气管炎等病症。

↑儿童房室内布艺选用浅色

儿童房内的布艺制品尽量选用浅色，（稍许单纯的粉红色也属于浅色系）这些布艺制品的染料添加较少，污染也较小。

◎本章小结

人的生活离不开纺织品，但是一些质量较差的纺织品会在使用中不可避免地释放出材料本身存在的有害物质，应尽量采用符合现行国家标准和污染少的纺织品材料，这是保证室内空气质量的根本。如选用正规厂家生产的窗帘、地毯、布料等。在使用过程中要经常清洗，窗帘、地毯间隔半年或一年清洗一次，其他纺织品尽量每月清洗，甚至要更频繁，能清除其中的有害物质。

第 9 章

装修污染治理攻略

识读难度： ★★★★★

核心概念： 检测、去除、吸附

章节导读： 随着科技的发展，各种装饰装修材料也越来越多，装修污染问题也越来越严重。生活水平的提高使得消费者对室内空气质量的要求也越来越高，对自身的健康问题也原来越重视。原始的治理装修污染的方法（例如，植物净化、空气流通等）渐渐已不能满足现代人的需求，于是在高科技的支持下现在有了越来越多的装修治理方法。

9.1 装修污染危害严重

人体的健康与室内空气的质量状况有紧密的联系，呼吸系统疾病、心血管系统疾病的发病率和死亡率与室内空气中主要污染物之一的细颗粒浓度的上升密切相关。

9.1.1 典型的室内装修空气污染特性

在装饰装修中，有毒性的装修材料占了总装修材料的60%以上，这些材料能够挥发出300多种挥发性有机化合物，如甲醛、三氯乙烯、苯、二甲苯等，这些挥发出来的物质能够引发各种疾病。现代人有70%的患病原因与室内空气污染有关，这其中因为经过大规模装修而患上白血病的儿童占90%，触目惊心的数据显示每年大约有200万儿童因装修而去世。现在的室内装饰装修中有超过80%的家庭甲醛超标，有70%的孕妇流产与室内环境污染有关。装修后的室内空气的污染程度一般要比室外严重2~5倍，并且在某些特殊状况下甚至高达100倍。

1. 污染来源广、种类多

室内污染物的来源不仅有建筑物自身的污染，还有室内装饰装修材料及家具材料的污染。不仅有物理的污染还有化学的污染。

2. 污染物排放周期长

甲醛具有较强的黏合性所以用作室内装饰装修材料的人造板及使用的胶粘剂大都是以甲醛为主要成分的脲醛树脂，而板材中残留的与未参加反应的甲醛会逐渐不停地从材料的孔隙中释放出来，其中甲醛的释放期长达15年之久。

3. 人与污染物接触时间长

室内环境是人们学习、工作、生活、休息的主要场所，人一般有70%的时间是在室内度过的，这样长时间暴露在有污染的室内环境中，污染物对人体不但作用时间长而且累积的危害更为严重。

9.1.2 冬季装修与空气污染危害严重

1. 甲醛挥发温度

现在的消费者相比于以前而言有了更多的自我保护意识，一般装修完之后都会经过甲醛检测，确认安全之后才会入住，但常出现在冬季装修完之后检测确认甲醛没有超标于是入住，但是到了夏天却越来越不对劲，常常感觉身体不适的现象。

甲醛的挥发点为19℃，温度每上升1℃，浓度就上升0.4倍，尤其是在春夏季气温升高释放更剧烈且浓度会超过正常的3倍。

在冬季检测室内空气质量合格，而到了夏季却检测出甲醛超标，这就是因为甲醛在冬季蛰伏，春、夏季温度到达19℃及更高后会加剧挥发。

除此之外相对于南方来说北方更加不适合冬季装修，及冬季装修之后检测甲醛，因为甲醛在寒冷情况下不易挥发，所以检测结果为正常，但是一到供暖季，甲醛就快速挥发，导致室内甲醛超标，损害人体健康状况。

←冬季室内空气污染

冬季的嗅觉器官会对外界寒冷的空气有一种自我保护机能，以免对我们人体造成伤害，人类呼吸也不会像夏季那样频繁，因此，我们对室内的空气感受不会像夏季那样强烈。

2. 冬季通风不畅

室内装饰装修环境污染的最常用的解决办法就是勤开窗通风，在夏季装修这个要求很好达到，但是在冬季，因为天气寒冷的缘故，一般不会开窗通风，从而使室内的污染物质累积。所以就导致冬季在通风不好的情况下，室内装修污染程度比夏季的要严重很多倍。

3. 室内活动时间增长

由于冬季天气寒冷，大多数人会大量地减少在室外的活动，待在室内的时间增多。即使新房已经放置了一段时间，理论上可以入住了，但是因为空气不流通加上长时间滞留室内，因此污染损害健康的概率大幅度增加。

9.2 控制室内空气污染的方法

装修工程造成的室内空气污染，虽然可怕，但是只要进行严格的控制，那么就不必担心它们对人体造成过多的伤害。

9.2.1 严格控制源头

室内装饰装修空气污染的污染源大致可分为两类，一类是微生物污染物，另一类是气态污染物。微生物污染物指的是细菌、真菌以及过滤性病菌。气态污染物指的是在装饰装修过程中由建筑材料、板材、胶粘剂、瓷砖、油漆、壁纸、纺织物等发散出来的有毒有害气体。除此之外还包括在日常的家具烹饪中产生的烟雾颗粒以及燃烧过程产生的一氧化碳。从污染的源头控制主要指的是要做到以下要求。

1. 严格控制使用散发污染物的装修材料

需要对这些材料的标识进行研究，必要时需对污染较高的材料进行预处理。

2. 隔离产生污染物的空间

如复印机、打印机、蓄电池等，并采取有效的排放措施，防止污染空气在建筑物内扩散和蔓延。

↑木材做好标识

所有的板材、瓷砖、胶粘剂等装饰装修材料要做好标识。

↑打印室隔离

复印机最好独立放置在一间房内，或者尽量远离办公人群。

3. 定期清洗或更换空调系统的易污染部件

如过滤器、消声器、表冷器等，及时排除凝结水，使空调系统保持干燥，以免滋生繁衍细菌。

4. 改进炉具的排烟设计

在乡村使用传统的煤和生物质燃料时要对排烟设备进行适当调整，使污染暴露尽量减少到最小，可以将厨房和卧室的间隔设计得远一点。

9.2.2 净化空气污染

室内环境污染问题的日益严重催发出了不少净化空气污染的方法，传统办法有植物净化法、果皮去味法等，除此之外还有离子体放电催化空气净化法、负离子净化法、光触媒法、吸附法、臭氧净化法、静电除尘法等一系列方法。

现代室内空气污染向化学、生物污染方向变化，人们的生活方式、室内装饰装修污染、家用电器、办公电器等多种污染源，都向室内空气中散发出对人体有毒有害的各种化合物，空气中含有烟雾、霉菌、孢子、细菌、纤维、尘埃等混合污染物，从而促进了空气净化器的发展。

↑空气净化器

单机类的空气净化器一般主要用于面积较小的室内空间。

↑新风系统

新风系统是一套独立的空气处理系统，它是由送风系统和回风系统组成。

9.2.3 通风控制空气污染

加强室内的通风换气，用室外新鲜空气来稀释室内空气污染物，从而改善室内空气品质，这是一种最为方便、使用最广泛，同时也是最省钱的一种控制室内空气污染的方法。在减少能耗和提高室内空气质量的目标下，自然通风既能有效地改善室内热环境，又能保证良好的室内空气的品质。但是这种方法必须是建立在室外空气条件极佳的基础之上，对于雾霾严重的城市来说开窗通风换气这种方法就不合适了。

但是也不必担心，室外空气不佳可以使用新风系统，以前新风系统主要用于酒店、博物馆等大型活动场所，现在普通人家也能够拥有这样一套功能强大的新风系统。

9.3 能净化空气的植物

采用植物净化室内空气的方法，可以给人们带来愉悦感、镇静感和安全感。

植物吸附法是指室内污染物质可以通过植物叶背面的微孔道被引入植物体内，植物根部共生的微生物也能自动分解污染物，且分解产物会被植物根部所吸收。如吊兰、芦荟等能把甲醛转化为糖类、氨基酸等天然物质。

9.3.1 虎尾兰

虎尾兰具有可吸收室内部分有害气体的能力，能有效地清除二氧化硫、氯、乙醚、乙烯、一氧化碳、过氧化氮等有害物。白天可释放大量氧气，可吸收10m^2左右房间内80%以上多种有害气体，两盆虎尾兰基本上可使一般居室内空气基本净化。

9.3.2 芦荟

众所周知，芦荟中含有的多糖和多种维生素对人体皮肤有良好的营养、滋润、增白作用。除此之外很少有人知道芦荟还有吸附净化甲醛的功效。

↑虎尾兰

↑芦荟

左图：虎尾兰堪称卧室植物，即便是在夜间它也可以吸收二氧化碳，释放氧气。六棵齐腰高的虎尾兰就可以满足一个人的吸氧量。在室内养殖虎尾兰配合使用椰维炭，不仅可以提高人们的工作效率，还能在夏季减少开窗换气。

右图：芦荟属物种的颜色十分丰富，以淡红色和正红色最为常见，也有黄色和白色。

9.3.3 吊兰

吊兰算是一种比较知名的吸附甲醛的植物了，在室内种植多盆吊兰，其作用可以媲美一个小型的空气净化器了，在一天之内能够杀死室内80%的有毒有害物质，吸收掉86%的甲醛、90%的一氧化碳以及过氧化氮。

9.3.4 龙舌兰

龙舌兰具有坚强的生命力，这也就表示即使环境再恶劣，龙舌兰也能够忍受，即使在中国南方的冬天，纵然是冬天寒流来袭时，只要有充足的阳光，龙舌兰就能适应。在室内放置多盆龙舌兰能够吸收70%的苯、50%的甲醛以及 30%的三氯乙烯。

↑吊兰

吊兰能够吸附室内 80%的有毒有害气体，具有超强的吸收甲醛能力，

↑龙舌兰

龙舌兰的原产地是美洲热带，现在我国云南也常常能够见到龙舌兰的身影。

9.3.5 常春藤

常春藤在绿化中能够得到广泛应用，它不仅能够美化环境，同时具有降温、减尘、增氧、减少噪声等作用，是藤本类绿化植物中用得最多的材料之一。

←常春藤

常春藤具有优先吸附甲醛、苯、TVOC 等有害气体的特点，达到净化室内空气的效果。

9.3.6 绿萝

对于绿萝吸附甲醛的能力相信大多数人都有所耳闻，绿萝不仅拥有顽强的生命力同时还拥有极强的净化空气的能力，因为室内装修中的各种板材会产生许多有害物质，所以在装修之后摆放几盆绿萝在室内，能够同时净化空气中的苯、三氯乙烯和甲醛，所以算是人们最爱种植的植物之一。

9.3.7 非洲菊

非洲菊原产于非洲南部的德兰士瓦，相比前几类植物来说非洲菊对于环境的要求较高，它喜爱阳光充足的地方，对于温度也有要求，最适宜的温度在20～25℃。

↑绿萝

刚装修好的新居多通风，然后再摆放几盆绿萝，基本上就可以达到入住标准了。

↑非洲菊

虽然非洲菊对于环境的要求比较高，但是它也是一个吸收二甲苯和甲醛的好手。

9.3.8 白鹤芋

白鹤芋也就是人们俗称的白掌，它原产于美洲热带地区。白鹤芋除了极高的观赏价值之外还能够过滤室内废气，对氨气、丙酮、苯和甲醛都有一定功效。用水根栽培的白鹤芋，可以透过蒸散作用调节室内的温度和湿度，能有效净化空气中的挥发性有机物，如酒精、丙酮、三氯乙烯、苯、甲苯、一氧化氯、臭氧等。

←白鹤芋

白鹤芋不仅可以做盆栽，也可以种植在花园阳台、庭院的隐蔽处，能够起到很好的观赏作用，装点客厅、书房也有别具一格的风格。

9.3.9 柠檬香蜂草

柠檬香蜂草如柠檬般的清香能够缓解头痛、腹痛、牙痛，并有助于治疗支气管炎以及消化系统疾病。除此之外它还能够吸附甲醛、氡气、苯气、氨气、二氧化硫以及烟味、异味、二氧化碳等有毒有害气体，具有快速的负离子释放速度，能够有效地消毒杀菌。特别是它在有毒有害的环境中还能够非常茁壮地生长。

↑柠檬香蜂草

柠檬草具有促进消化的作用，它具有清爽香甜的口感，适合在夏天饮用。

↑龟背竹

龟背竹可以说是近些年国内最火的植物了，北欧风、日式风格、现代简约风格、简欧风格等室内装修风格都喜欢用龟背竹来做点缀。

9.3.10　龟背竹

龟背竹具有晚间吸收二氧化碳的功效，对改善室内空气质量，提高含氧量有很大帮助。具有优先吸收甲醛、苯、TVOC等有害气体的特点，一棵龟背竹对甲醛的吸收量与10g椰维炭的吸附量相当，能达到净化室内空气的效果，是一种理想的室内植物。

9.3.11　银皇后

银皇后非常适合摆放在通风条件不佳的阴暗房间，它可去除空气中的尼古丁和甲醛，家中有吸烟者或刚装修完，可以考虑放一盆银皇后，净化室内空气。

←银皇后

银皇后以它独特的空气净化能力著称，空气中污染物的浓度越高，越能发挥其净化能力。

9.4 能吸附净化空气的材料

由装修所造成的环境污染的净化领域，利用多种的吸附性材料，可以有效地去除室内空气中低浓度的苯系物、甲醛、二氧化硫、挥发性有机化合物和氡气等气态污染物。

吸附净化法其实就是一种物理吸附的方法，主要的工作原理是利用固体或液体吸附剂处理气体混合物，使气体混合物中所含的一种或数种组分吸附于吸附剂中，从而达到分离和净化的目的。物理吸附净化的方法相较于其他净化方法来说优点是操作方便、设备简单、净化效率较高。

9.4.1 物理吸附净化

物理吸附既可以是单层吸附也可以是双层吸附，它吸附过程极快，参与吸附的各相间常在瞬时间达到平衡；对气体没有选择性，可吸附一切气体；吸附质与吸附剂间不发生化学反应；吸附过程为低放热反应过程，放热量与相应气体的液化热相近；吸附剂与吸附质间的吸附力不强。

普通活性炭对室内气体的吸附多属于物理吸附，它几乎能够吸附室内所有的气体。但是仅有物理吸附时，只有极其微小的吸附能力，实用价值很小。加上活性炭是一种疏水性物质，有时缺乏对亲水性物质的吸附能力；同时，物理吸附稳定性也很差，在温度、压力等条件变化时，容易产生脱附而造成二次污染。

化学吸附是利用吸附剂表面与吸附分子之间的化学键力所造成，具有在低浓度下吸附容量大、吸附稳定不易脱附和传播、可以对室内空气中不同特性的有害物质选择吸附净化等优点。通过表面化学改性，可变物理吸附为化学吸附，增加多孔炭材料的吸附能力或使其具有新的吸附性能。

吸附净化法净化室内空气主要有以下优点：

1. 应用范围广

吸附净化法不仅可以吸附空气中的多种污染成分，如固体颗粒、有害气体等，而且有些吸附剂本身具有抗菌、抑菌作用。

2. 应用方便

吸附剂可以选择多种载体，操作起来方便可靠。只要同空气相接触就可以发挥作用。

3. 价格便宜

普通吸附剂不仅价格不高，而且不需要专门设备，不消耗能量，应用起来经济便宜。

9.4.2　吸附剂

吸附净化法是除植物净化法之外，广为人知的净化方法，同时也是使用最多的一种净化方法。吸附剂是能有效地从气体或液体中吸附其中某些成分的固体物质。吸附剂可按孔径大小、颗粒形状、化学成分、表面极性等分类，如粗孔和细孔吸附剂，粉状、粒状、条状吸附剂，碳质和氧化物吸附剂，极性和非极性吸附剂等。

吸附净化法中常用的吸附剂主要有竹炭、活性炭、活性炭纤维、、碳纳米管、活性氧化铝、沸石分子筛、膨润土、硅藻土、坡缕石等。

1. 竹炭

竹炭的主要原料是三年生以上的高山毛竹，经过将近千度的高温烧制而成的一种炭，竹炭具有多孔结构，其分子细密多孔，质地坚硬。有很强的吸附能力，能净化空气、消除异味、吸湿防霉、抑菌驱虫。与人体接触能去湿吸汗，促进人体血液循环和新陈代谢，缓解疲劳。经科学提炼加工后，已广泛应用于日常生活中。

↑竹炭

将竹炭放置在楼房底层或地板下，具有防潮、防霉、防虫、改善环境的功效。

↑竹炭包

竹炭包专用于除臭除味、去除甲醛、调湿抗菌、除臭防霉、净化空气、食物保鲜等。

竹炭分子结构呈六角形，质地坚硬，细密多孔，吸附力强，具有吸附功能。由于炭质本身有着无数的孔隙，这种炭质气孔能有效地吸附空气中一部分浮游物质，对硫化物、氢化物、甲醇、苯、酚等有害化学物质起到吸附、分解异味和消臭作用。竹炭细密多孔，比表面积大，若周围环境温度大时，可吸收水分，若周围环境干燥，则可释放水分。

竹炭还是良好的净水处理剂，将竹炭置于水中，能吸附水中残留的有害化学物质和水中的臭气，用竹炭颗粒治理河道、污水，特别是城市污水的治理，不但能净化水质，还能除去臭味，美化环境，效果特别显著。

2. 活性炭

活性炭是一种黑色多孔的固体炭质，活性炭是由含炭为主的物质做原料，经高温炭化和活化制得的疏水性吸附剂。活性炭含有大量微孔，具有巨大的比表面积，能有效地去除色度、臭味，可去除空气中大多数有机污染物和某些无机物，包含某些有毒的重金属。活性炭根据原料的不同大致可以分为五类。

（1）再生炭。主要以用过的废炭为主要原料，进行再活化处理的再生活性炭。

（2）木质活性炭。主要是以木屑、木炭等制成的活性炭。

（3）煤质活性炭。主要是以褐煤、泥煤、烟煤、无烟煤等制成的活性炭。

（4）果壳活性炭。主要是以椰子壳、核桃壳、杏核壳等制成的活性炭。

（5）石油类活性炭。主要是以沥青等为原料制成的沥青基球状活性炭。

↑果壳活性炭

果壳活性炭外形为不定形颗粒，具有孔隙结构发达，吸附速度快等特点。

↑木炭活性炭

木炭活性炭外形为粉末状，具有活性高、脱色力强、孔隙结构较大等特点。

使用活性炭吸附就是在活性炭的孔隙中和表面上进行的，活性炭中孔隙的大小对吸附质有选择吸附的作用，这是由于大分子不能进入比它孔隙小的活性炭孔径内的缘故。

←活性炭包

除了净化室内空气之外，因为活性炭是一种吸附能力很强的功能性炭材料，所以目前还主要应用于食品饮料、医药、水处理、化工等领域。

3. 活性碳纤维

活性炭是一种经过经过活化处理的多孔炭，为粉末状或颗粒状，而活性碳纤维则为纤维状，纤维上布满微孔，其对有机气体吸附能力比颗粒活性炭在空气中高几倍至几十倍。

活性碳纤维是经过活化的含碳纤维，将碳纤维（如酚醛基纤维、PAN 基纤维、黏胶基纤维、沥青基纤维等）经过高温活化，使其表面产生纳米级的孔径，增加比表面积，从而改变其物化特性，这是继活性炭之后新一代的吸附材料。

活性碳纤维以其速度快、吸附容量大、透气性良好、空气阻力小、形态多样等优越性能而得到广泛应用，成为环境功能材料研究热点领域，已广泛应用于化工、环保、催化、医药、电子工业、食品卫生等领域，在废气治理、空气净化、废水治理、水质处理、资源再生利用等领域有良好的应用前景，被誉为21世纪最先进的环境净化材料之一。

↑活性碳纤维

活性碳纤维毡久用之后，微孔会被填满，致使吸附能力有所下降。这时只需进行一段时间的晾晒，此时活性碳纤维的吸附功能即可复原，重复使用。

↑膨润土

膨润土具有优良的吸附性和离子交换性，并且具有来源丰富、价格低廉等特点，广泛用于室内污染防治、石油钻井、建材、化工等诸多领域。

4. 膨润土

膨润土是以蒙脱石为主矿物成分的含水蒙古土矿物。由于它具有特殊的性质。如膨润性、黏结性、吸附性、催化性、触变性、悬浮性以及阳离子交换性。所以广泛用于各个领域。将某些分子聚集在膨润土表面的现象，称为膨润土的吸附作用。膨润土吸附可以分为物理吸附、化学吸附和离子交换吸附三种类型。

5. 硅藻土

硅藻是最早在地球上出现的原生生物之一，生存在海水或者湖水中。它具有多孔性、较低的浓度、较大的比表面积、相对的不可压缩性及化学稳定性。

硅藻土是一种硅质岩石，硅藻土通常呈浅黄色或浅灰色，由于其具有空隙率高、比表面积大、比重比较小、耐磨、耐酸、吸附性强、热导性低、隔热阻燃、保温隔声等优良性能，工业上常用来做保温材料、过滤材料、填料、研磨材料、水玻璃原料、脱色剂及硅藻土助滤剂、催化剂载体等。

6. 坡缕石

坡缕石是一种具链层状结构的含水富镁硅酸盐黏土矿物，加工后的坡缕石黏土制品是较为理想的吸附剂、食品加工助剂和食品添加剂，可取代活性炭。它不仅能脱色，还可除臭除味与金属离子，还具有一定的选择性，这就为生产提供了便利，它可做冰箱除臭剂、污水处理剂、家用净水器、油脂精炼脱色剂，效果极为明显，在医药上可做药物的填料、载体、添加剂、黏结剂。

↑硅藻土保温砖

硅藻土涂料添加硅藻土后，已被国际上众多的大型涂料生产商作为指定用品，广泛应用于硅藻泥、乳胶漆等多种涂料体系中。

↑坡缕石

以坡缕石造粒制作的吸附剂、过滤器 、净化剂，用于室内环境污染物的净化，实践中已取得了较好的效果，可以充分发挥其生态、环保和经济的特性。

9.5 装修污染净化设备与方法

空气净化设备种类丰富，如空气过滤器、空气净化器等，空气过滤器是采用上节中介绍的能吸附净化空气的材料来过滤受到污染的空气，而空气净化器不仅有过滤功能，还能够吸附、分解、转化各种空气污染，有效提高空气清洁度。

9.5.1 空气过滤器

空气过滤器是一种空气过滤装置，主要有粗效过滤器、中效过滤器、高中效过滤器、亚高效过滤器五种型号。按照空气过滤器的结构不同，可分为板式空气过滤器、袋式空气过滤器、折褶式空气过滤器和卷绕式空气过滤器。

1. 板式空气过滤器

板式空气过滤器框架采用铝合金或优质木板制造，具有重量较轻、结构简单、更换方便等优点，其进出风面均有金属网保护层。另外，无隔板过滤器具有滤料选择面广、有效面积大、阻力比较低、寿命比较长、体积比较小、结构紧凑等特点。

↑板式空气过滤器

板式空气过滤器最突出的特点是滤料面积大、阻力小。

↑折褶式空气过滤器

袋式空气过滤器一端是全封闭式，与之相对的一端用顶部平板或框架密封住。这样能增加过滤有效面积且减少过滤风速和压力损失。

2. 袋式空气过滤器

袋式空气过滤器是一种新型的过滤系统，过滤器内部由金属内网支撑着滤袋，空气由入口流进，经滤袋过滤后流出，杂质则被拦截在过滤袋中，滤袋可更换后继续使用。

3. 折褶式空气过滤器

折褶式空气过滤器的滤料采用人字形或平面形结构，这种结构有利于增大气流与滤料的接触面积，以增加有效过滤面积和降低过滤风速。滤料装在两排圆钢支撑体内，这两排钢支撑组成间隔，使间隔牢固不变。

4. 卷绕式空气过滤器

自动卷绕式空气过滤器是使用滚筒状滤料，并能自动卷绕清除灰尘的空气过滤器。滤料之间有一定的间隙，即使在捕集了大量的尘粒后，过滤器气流仍然非常通畅。

空气过滤器与空气净化器中用于包裹承载过滤材料的包装物一般为无纺布和PVC承载框架，这些材料中可能含有甲醛、苯等有害成分，在使用前一定要在太阳高温下暴晒1周，否则会加剧空气中甲醛、苯等有害成分的污染，仅仅只能过滤PM2.5等颗粒物。

9.5.2 空气净化器

空气净化器刚开始的功能是去除空气中的恶臭、有毒化学物质及有毒气体，后来发展成不仅能够去除以上物质还能够净化空气，去除空气中的细菌、病毒、灰尘、花粉、霉菌孢子等物质。发展到现在空气净化器的作用已经越来越成熟了，净化器的品牌也越来越多了，这就导致了消费者的选购困难，以下几点可作为选购净化器时的参考。

1. 看标识

众所周知，到药店买药一定不要买店员介绍的药，这个道理放在挑选净化器上也同样适用，一般店员介绍的净化器都是能够增加他的提成的商品，使用效果不一定好，所以还是得提前自己做好购买净化器的功课。

←空气净化器

空气净化器的外形现在也越来越美观，不仅实用还拥有观赏价值。观看性能参数是一种挑选净化器的最简单方法，但是此方法仅适用于国产净化器。

如今国内的空气净化器一般多见以下三类（见表9-1）。

表9-1 空气净化器类型

序号	型号	类别
1	G型	过滤型空气净化器
2	J型	静电型空气净化器
3	F型	混合型空气净化器

2. 参考CADR数值

过滤型空气净化器在购买时主要需要参考的就是CADR数值，CADR所代表的就是洁净空气输出率，也就是产生洁净空气的能力，CADR数值越高就说明净化器的净化效能越高。要想使室内空气质量达到一定的洁净标准就要做到以下两个标准：首先保证室内空气达到一定的换气次数、其次就是空气净化器的一次净化效率必须高。

3. 看滤网的结构、材料和面积

过滤型空气净化器，主要是把有害物质留在滤网上来实现空气净化，工作原理是用风机将空气抽入机器，通过内置的滤网过滤空气，主要能够起到过滤粉尘、异味、有毒气体和杀灭部分细菌的作用。

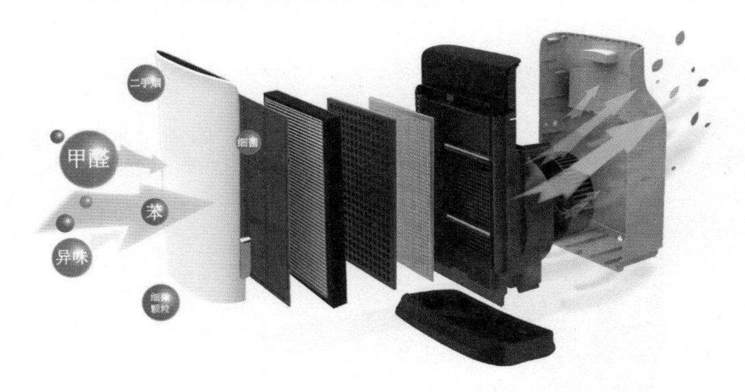

←滤网

滤网的面积代表着可以容纳多少PM2.5颗粒，也就是容尘量。容尘量如果低，意味着滤网很快吸饱了灰霾，不仅不能净化空气，还可能带来二次污染。

4. 有针对性购买，在正规渠道购买

到目前为止空气净化器的品牌、功能、性能、外观设计和价格都有很大的区别，让人眼花缭乱。建议消费者根据自身实际需求选购产品，例如，去甲醛就购买去甲醛能力强的净化器，去雾霾就购买专门对抗雾霾的净化器。有针对性地购买。

同时购买空气净化器最好在大型商场、电器商店、品牌专卖店或品牌的电子商务旗舰店购买，不要为了贪图便宜从而购买“三无”的空气净化器。

9.5.3 新风系统

新风系统分为管道新风系统和无管道新风系统，其中管道新风系统由新风机和管道配件组成，通过新风机净化室外空气导入室内，通过管道将室内空气排出；无管道新风系统由新风机组成，同样由新风机净化室外空气导入室内。

管道式新风系统由于工程量大更适合工业或者大面积办公区使用，而无管道新风系统因为安装方便，更适合家庭使用。新风系统因为送风方式的不同主要有以下两种。

1. 单向流新风系统

单向流新风系统由风机、进风口、排风口及各种管道和接头组成的。安装在吊顶内的风机通过管道与一系列的排风口相连，风机启动，室内混浊的空气经安装在室内的吸风口通过风机排出室外，在室内形成几个有效的负压区，室内空气持续不断的向负压区流动并排出室外，室外新鲜空气由安装在窗框上方的进风口不断的向室内补充，从而一直呼吸到高品质的新鲜空气。

2. 地送风系统

地送风系统是从地板或墙底部送风口所送冷风在地板表面上扩散开来，形成有组织的气流组织；并且在热源周围形成浮力尾流带走热量。由于风速较低，气流组织紊动平缓，没有大的涡流，因而室内工作区空气温度在水平方向上比较一致，而在垂直方向上分层，层高越大，这种现象越明显。由热源产生向上的尾流不仅可以带走热负荷，也将污浊的空气从工作区带到室内上方，由设在顶部的排风口排出。

↑单向流新风系统

↑地送风系统

左图：单向流新风系统不需要送风管道的连接，非常方便安装。

右图：底部风口送出的新风，余热及污染物在浮力及气流组织的驱动力作用下向上运动，所以地送风系统能在室内工作区提供良好的空气品质。

9.5.4 光催化

光催化净化技术是一种利用新型的复合纳米高科技功能材料的技术，也是一种低温深度反应技术。

光催化剂纳米粒子在一定波长的光线照射下受激生成电子空穴对，空穴分解催化剂表面吸附的水产生氢氧自由基，电子使其周围的氧还原成活性离子氧，从而具备极强的氧化还原作用，将光催化剂表面的各种污染物摧毁。

光触媒是日本的藤岛昭教授在一次实验中对放入水中的氧化钛单结晶进行了光线照射，结果发现水被分解成了氧和氢从而被发现的。光触媒可以有效地降解甲醛、苯、甲苯、二甲苯、氨、TVOC等污染物，并具有高效广泛的消毒性能，能将细菌或真菌释放出的毒素分解及无害化处理。光触媒具有良好的持续性，在环境污染不严重的条件下，只要不磨损、不剥落，光触媒本身不会发生变化和损耗，在光的照射下可以持续不断地净化污染物，具有时间持久、持续作用的优点。

9.5.5 臭氧消毒

臭氧是广谱、高效、快速的杀菌剂，在一定的浓度下，臭氧可迅速杀灭水和空气中使任何生物致病的各种病菌和微生物，其灭菌速度是氯的两倍以上。更重要的是，臭氧杀菌后还原成氧，无任何残留和二次污染，其他化学制剂都无法做到这一点，所以它被称为绿色环保制剂。臭氧用于水消毒时，由于其弥散性好，所以消毒效果甚佳，可以100 % 杀灭水中细菌。

↑光触媒

↑臭氧消毒机

左图：一般科学意义上的光触媒是单质粉末状的，而进入市场大多是混合液态状的。

右图：臭氧能氧化分解细菌内部葡萄糖所需的酶，使细菌死亡。它通过与引起臭味和腐败味的氨、硫化氢、甲硫醇等发生化学反应，将它们氧化分解为无毒、无臭的物质，从而达到去除臭味和其他异味的效果。

9.6 使用便捷的室内空气检测仪器

室内污染严重危害着人们的身体健康状况，装修是最大的污染源，所以在入住房屋之前必须先对房屋做好检测工作。一般来说以前做房屋环境的检测是交给专门的公司来做的，但是现在一般的家装公司都会有检测仪器，同时业主如果为了住的安心也可以购置个人的检测仪。

9.6.1 甲醛检测仪

甲醛检测仪是一种甲醛检测仪器，它具有结构简洁、携带方便、体积较小的特点，主要适用于居室空间、办公空间、公共空间的甲醛检测。除了手提甲醛检测仪还有手持甲醛检测仪，手持式甲醛检测仪是一种可以连续可测甲醛的手持仪表。适用于环境监测、工业生产、化工等有甲醛的场所。

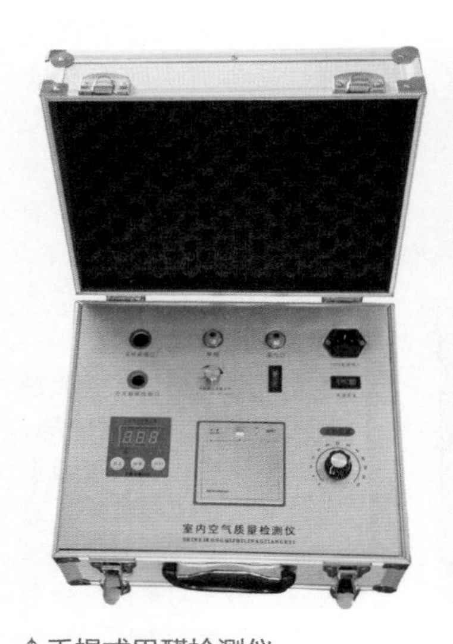

↑手提式甲醛检测仪

手提式甲醛检测仪主要为专业检测人士所使用，检测数据更直观。

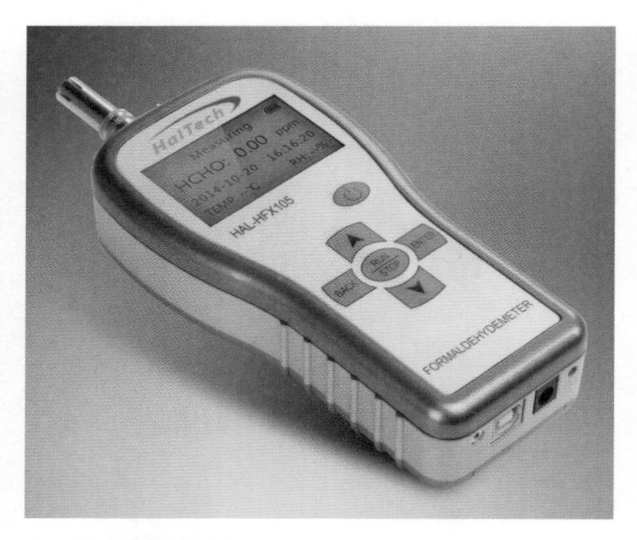

↑手持式甲醛检测仪

手持式甲醛检测仪价格便宜、使用方便、使用范围广。

9.6.2　苯系物检测仪

室内空气苯系物检测仪是一种便携式现场苯系物定量测定仪器，广泛应用于居住区、居室、公共场所等空气中苯系物的现场定量测定。

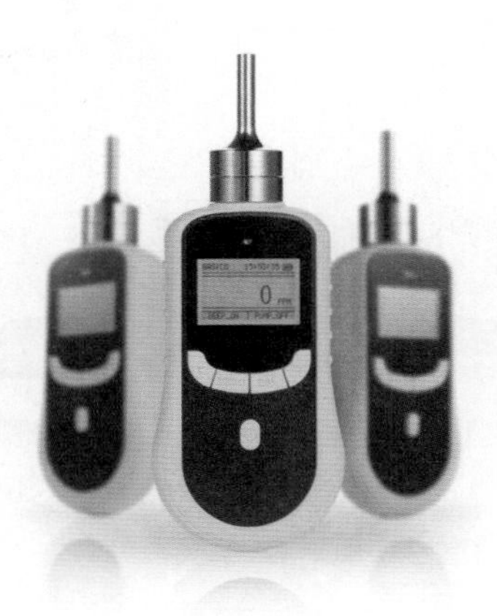

←苯系物检测仪

苯系物检测仪具有采用快速显色方法，可直接显示出被测样品中的浓度，可现场定量测定气体中苯系物的特点。

9.6.3　一氧化碳检测仪

一氧化碳检测仪能够持续性地检测出有毒气体，并且观察气体的浓度值。泵吸式一氧化碳检测仪是一种可以灵活配置的单种气体或多种气体检测报警仪，它可以配备氧气传感器、可燃气体传感器和有毒气体传感器或任选四种气体传感器或任选单种气体传感器。

9.6.4　氨气检测仪

氨气检测仪在检测到室内环境中氨气的浓度超过预置报警位置时就会发出报警信号及声光。氨气检测仪的防水性能一般都较强。它带有内置式防震护套的耐用的不锈钢鳄鱼夹。有超高声音警报、闪烁的LED光柱和内置式振动器可以向用户发出危险警报。

9.6.5　臭氧检测仪

臭氧检测仪的工作原理是紫外线吸收法，臭氧检测仪主要由低压紫外灯，光波过滤器、入射紫外光反射器、臭氧吸收池、样品光电传感器、采样光电传感器、输出显示、电路等部件构成。

↑一氧化碳检测仪

一氧化碳检测仪广泛用于石油、化工、造纸、消防、市政、食品、纺织等行业。

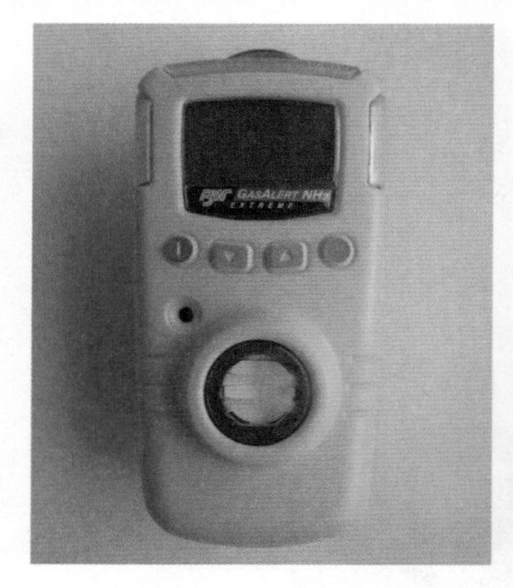

↑氨气检测仪

氨气检测仪的检测原理一般包括电化学或半导体原理传感器。

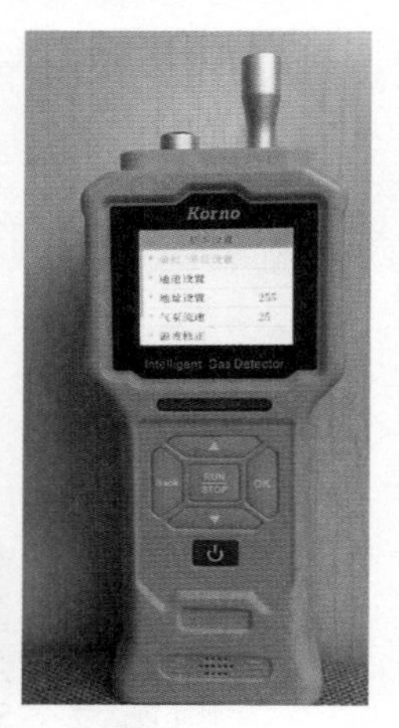

↑臭氧检测仪

臭氧检测仪主要适用于居室空间、办公空间、工厂等区域臭氧的检测。

9.6.6 空气测试仪器正确使用方法

这里介绍两种常见的空气测试仪器的使用方法，可以根据生活、工作环境需要购买，这类设备的研发、生产技术如今已经很成熟了，选购专业厂商生产的产品即可。

1. 空气质量测试仪

这是适合居家、办公、生产等多数场所使用的多功能空气质量测试仪，是当今装修后检测的必备设备。不仅装修公司会配备，一般家庭也会购买。可以根据需要选购不同功能，如常见的甲醛、TVOC、PM2.5三合一测试仪，如果希望测设更多数据，可以选购这种十合一的产品。

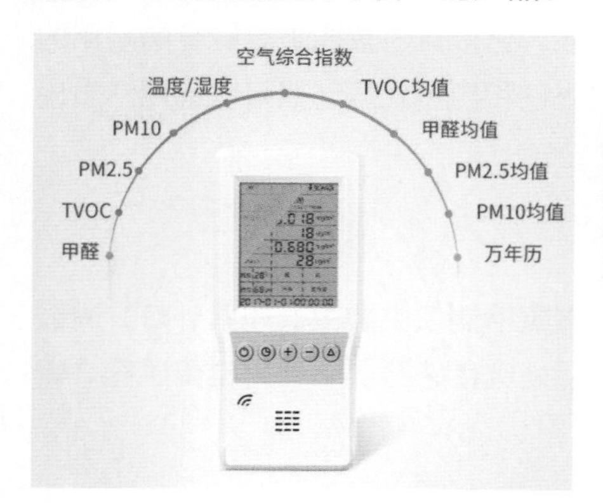

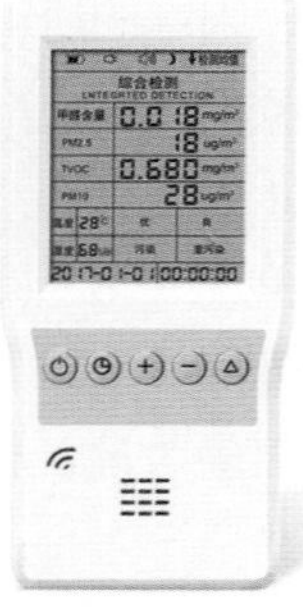

←多用能空气质量测试仪

使用前先充电，多数仪器开机会出现2～3分钟预热过程。将检测仪置于通风处或空气质量较好处，校正标定为新鲜健康空气后即可正常使用。处于室内环境中均衡5～10分钟，取平均数值即可得到空气质量参数。具体标准请参考本书第1章内容。

2. 可燃烧气体测试仪

这是适合厨房、卫生间等场所使用的可燃烧气体测试仪，当今绝大多数家庭安装燃气管道、灶具、热水器、锅炉，时刻要关注燃气管道与设备是否存在泄漏。可以根据需要选购相关产品。

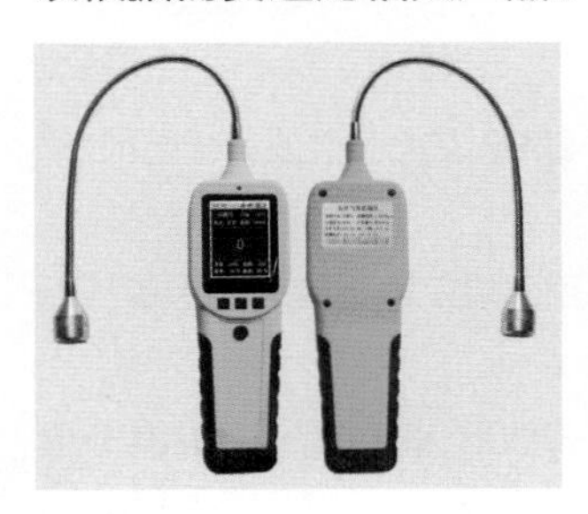

←可燃烧气体测试仪

使用前先充电，部分仪器开机会出现 1 ~ 2 分钟启动过程，将检测仪检测探头先置于通风处或空气质量较好处，调整旋钮或按钮设置为无报警音的临界点，即无报警音与有报警音之间，且设备不发音，这时即可正常使用。将检测软管上的探头放在燃气管道和设备之间的接口处检测，也可以移动检测管道沿线或设备周边。发出高低不同频率的报警音表述泄漏量大小不同。

◎本章小结

影响室内空气污染的不仅仅是室内装饰所采用的的材料，包括外部环境也会影响室内的空气品质。室外空气污染经过建筑物的缝隙进入室内，能大大降低室内空气的品质。室外空气污染对室内空气品质的影响与建筑层数相关，离地面越高，室内污染程度越低。而当室外污染物浓度超过室内控制指标，引入新风不仅不能稀释室内污染物，还将恶化室内空气品质。所以影响室内空气品质的因素数不胜数。

以下为部分吸附剂对比一览表（见表9-2）。

表9-2　　部分吸附剂对比一览表

序号	种类	特点
1	竹炭	竹炭具有多孔结构，其分子细密多孔，质地坚硬。有很强的吸附能力，能净化空气、消除异味、吸湿防霉、抑菌驱虫
2	活性炭	活性炭含有大量微孔，具有巨大的比表面积，能有效地去除色度、臭味，可去除空气中大多数有机污染物和某些无机物，包含某些有毒的重金属
3	活性碳纤维	活性碳纤维则为纤维状，纤维上布满微孔，其对有机气体吸附能力比颗粒活性炭在空气中高几倍至几十倍
4	膨润土	膨润土具有膨润性、黏结性、吸附性、催化性、触变性、悬浮性以及阳离子交换性
5	硅藻土	硅藻土具有空隙率高、比表面积大、比重比较小、耐磨、耐酸、吸附性强、热导性低、隔热阻燃、保温隔声等优良性能
6	坡缕石	坡缕石不仅能脱色，还可除臭除味，除重金属离子和致癌物质，除此之外还具有一定的选择性

参考文献

[1] 中华人民共和国国家质量监督检验检疫总局. GB/T 18883—2002 室内空气质量标准 [S]. 北京：中国质检出版社，2003.
[2] 中华人民共和国住房和城乡建设部. GB 50325—2010 民用建筑工程室内环境污染控制规范 [S]. 北京：中国计划出版社，2013.
[3] 中华人民共和国国家质量监督检验检疫总局. GB 18582—2008 室内装饰装修材料·内墙涂料中有害物质限量 [S]. 北京：中国质检出版社，2008.
[4] 中华人民共和国国家质量监督检验检疫总局. GB 18581—2009 室内装饰装修材料·溶剂型木器涂料中有害物质限量 [S]. 北京：中国质检出版社，2009.
[5] 中华人民共和国国家质量监督检验检疫总局. GB 18583—2008 室内装饰装修材料·胶粘剂中有害物质限量 [S]. 北京：中国质检出版社，2008.
[6] 安素琴. 建筑装饰材料识别与选购 [M]. 北京：中国建筑工业出版社，2010.
[7] 康超. 室内装饰装修材料应用与选购 [M]. 北京：机械工业出版社，2014.
[8] 吝杰，郭清芳，等. 建筑与装饰材料 [M]. 南京：南京大学出版社，2016.
[9] 杨东江，杨宇. 装饰材料设计与应用 [M]. 沈阳：辽宁美术出版社，2015.
[10] 张乘风. 家庭装饰装修材料选购 [M]. 北京：中国计划出版社，2009.
[11] 李吉章. 家装选材一本就go [M]. 北京. 中国电力出版社，2018.
[12] 王旭光，黄燕. 装饰材料选购技巧与禁忌 [M]. 北京：机械工业出版社，2008.
[13] 沈春林. 新型建筑涂料产品手册 [M]. 北京：化学工业出版社，2005.
[14] 何延树. 混凝土外加剂 [M]. 西安：陕西科学出版社，2005.
[15] 宋广生. 装饰装修材料污染检测与控制 [M]. 北京：化学工业出版社，2006.
[16] 张毅. 装饰装修工程施工禁忌 [M]. 北京：中国建筑工业出版社，2011.
[17] 崔九思. 室内环境检测仪器及应用技术 [M]. 北京：化学工业出版社，2004.
[18] 宋广生. 家装选材100招 [M]. 北京：机械工业出版社，2008.
[19]（德）伊拉莎白伯考. 软装布艺搭配手册 [M]. 南京：江苏科学技术出版社，2014.
[20]（英）卡任 · 克也茨，惹尼 · 伯. 家居布艺大全 [M]. 何大明等译. 郑州：河南科学技术出版社，2002.
[21]（挪）芬南吉尔.布艺样的家一节日家居布艺[M]. 王西敏.毛杰森译. 郑州：河南科学技术出版社，2009.